갯벌

환경과 생물 제2판

저자 이학곤

머리말

요즘 갯벌에 대한 국민적 관심이 부쩍 높아지고 있습니다. 시화호 담수화 사업의 실패와 타당성 검증으로 유보되었던 새만금 간척사업의 점진적인 개발이 발표되면서 아직도 개발에 대한 찬반 논쟁이 이어지고 있습니다. 이런 상황에서도 사람들은 과거에 비해 휴식이나 문화 공간으로 갯벌을 찾는 횟수가 늘어나고 있습니다. 휴일이면 가족 단위나 여러 단체가 갯벌을 찾아 조개를 잡기도 하고 생물들을 관찰하며, 놀이를 하면서 펄 맛사지를 하는 경우를 자주 볼 수 있습니다. 생활이 풍요로워지면서 그만큼 갯벌은 우리에게 가깝게 다가와 있습니다. 국민들 사이에 갯벌에 대한 의식이 높아지면서 사라져 가는 갯벌을 보호해야 한다는 목소리가 점차 커지고 있지만 다른 한편에서는 아직도 매립과 간척이 진행되고 있습니다. 개발이라는 이름 아래 매립이나 간척이 진행되면 그 곳에 서식하던 소중한 생물체의 생태계는 완전히 파괴되는 것입니다.

인간과 자연은 하나입니다. 작은 생물체 하나가 사라지면 인간이 살아갈 터전도 그만큼 줄어들 것입니다. 이제 우리는 우리보다 몇십 년이나 앞서 갯벌의 가치를 알고 보전해 왔던 외국의 사례를 살펴보고, 우리의 갯벌을 소중히 다루는 법적 제도와 의식을 더욱 확고히 갖추어 나아가야 합니다.

3면이 바다인 우리 나라, 그리고 세계 5대 갯벌의 하나인 고유 문화 유산 서해 갯벌! 우리는 아이들에게 갯벌의 소중함을 가르칩니다. 그것은 자라나는 그들의 재산이요, 그들 후세의 재산이기 때문입니다. 1990년대 초 처음으로 교사로서 아이들과 함께 영종도 해양 탐구 학습장에 현장 학습을 갔습니다. 출발 전에 사전 준비를 하였지만, 생생한 체험을 하는 아이들의 호기심 어린 예상 밖의 질문은 저를 당황하게 하였습니다. 그 후 몇 차례 비슷한 경험을 반복하면서 스스로 무지함을 깨닫고, 갯벌 현장 학습 전에 가르칠 학습 자료와 지식이 더 많이 필요하다는 것을 느꼈습니다.

그러나 우리에게 갯벌에 대한 기본적인 지식을 만족시켜 주고 채워 줄 만한 정보나 책을 얻는 것은 쉽지 않았습니다. 관련 정보를 구하고 갯벌 생물의 촬영만으로 문제는 해결되지 않았습니다. 어렵게 찾은 서적은 전문 지식의 부족으로 이해하기 쉽지 않았으며, 촬영한 필름은 누적되어 가는데 생물의 이름조차 모르는 것이 대부분이어서 갯벌을 이해하고자 하는 의지는 시간이 지날수록 한계를 드러냈습니다.

그 후, 대학원 시절 홍재상 교수님의 지도는 저에게 갯벌에 대한 안목을 넓힐 기회가 되었습니다. 대학 시절부터 저서생물 생태학을 체계적으로 공부하지 못해서 여러 가지 미흡한 점이 많지만, 이 책은 우리들이 갯벌을 찾았을 때 도움이 될 수 있도록 갯벌의 환경과 그 곳에 서식하는 동 · 식물을 이해하기 쉽도록 책의 중간 중간에 굵은 글씨체로 기본적인 용어 설명과 많은 사진 자료를 함께 제시하였습니다.

Ⅰ장에서는 갯벌의 기본적인 자연 환경과 기능을 다루었고, Ⅱ장에서는 바위 해안과 모래, 펄 그리고 하구역의 염습지 등 갯벌 저서생물의 환경과 분포를, Ⅲ장에서는 우리 나라와 외국의 갯벌 보전법과 관리 정책을 알아보았습니다.

독자들도 느끼시겠지만 저의 전문적인 지식이 부족하여 전체적인 글의 내용이 체계적이지 못하고 정보를 나열하는 데 그쳤습니다. 책의 내용은 국내외 여러 학자들의 선행 연구 결과물이며, 대학원의 강의 내용과 졸업 논문 그리고 오랜 시간 갯벌에서 생물을 촬영하며 관찰한 내용을 기록했습니다. 아무쪼록 독자들에게 유용한 정보를 제공하는 기회가 되길 바라며, 잘못된 정보를 없애려고 노력했지만 그릇된 부분은 많은 채찍을 하여 주시길 바랍니다. 선행 연구물은 학자 분들께 사전에 허락을 받고 인용을 했어야 했는데 그렇게 하지 못하고 참고문헌으로 대신함을 죄송스럽게 생각합니다.

미력하나마 책을 출간하기까지 많은 가르침을 주신 인하대학교 해양학과 홍재상 교수님, 한 권으로 책으로 엮어 주신 월드사이언스의 박선진 사장님께 감사 드립니다. 학업에 열중하라고 격려를 아끼지 않으신 진익천 교장선생님, 생물 동정에 많은 도움을 주신 저서생물 생태학 연구실의 서인수 · 윤건탁 님, 식물분류학 연구실의 정주영 님께 감사 드립니다. 동고동락하며 후원해 준 사랑하는 아내 은우와 귀현, 대현에게 고마움을 전합니다.

이 학 곤

차 례

Ⅰ. 갯벌의 이해

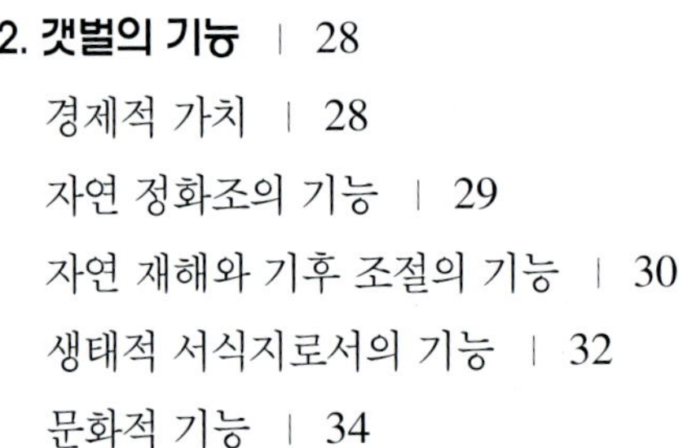

Ⅱ. 갯벌 저서생물 의 환경과 분 포

Ⅲ. 갯벌의 보 전

1 갯벌의 이해

지구 표면의 약 3분의 2를 덮고 있으며, 생명의 기원이며 인류의 마지막 자원의 보고인 바다는 그 넓이만큼이나 무궁무진한 생명체가 복잡하게 얽혀서 살아가고 있다.
- 풍도

1. 자연 환경

해안 지형은 육지와 바다가 접하는 지역으로 하구, 바다가 육지로 깊숙이 들어온 **만**, 큰 강이 바다와 만나면서 유속이 감소되어 강어귀에 퇴적층을 이루는 **삼각주**, 모양은 하구와 비슷하나 담수[1]의 유입이 거의 없으며 모래톱이 해안선에 평행으로 만들어져서 만조 때만 해류 순환이 제한적으로 이루어지는 **석호**, 바닷가에 모래로 이루어진 언덕인 **해안사구**, 주기적으로 바닷물이 드나들어 염분의 영향을 받는 **염습지**, 갯벌 등 다양한 환경이 나타난다. 이 곳은 밀물, 썰물과 바람에 의한 파도 에너지가 상호간에 복잡하고 다양하게 반응하기 때문에 육상과 해양의 영향으로 육상 환경과 해양 환경의 두 지역 사이에서 그 중간적 현상을 나타내는 지대로서의 특성을 가지게 된다.

1) 비나 눈이 녹아서 얻어지는 자연수

갯벌의 정의

갯벌이란 '조수가 드나드는 바닷가의, 모래 또는 펄로 된 넓고 평평하게 생긴 땅'이다. 밀물이 되면 바다가 되고, 썰물이 되면 그 모습을 드러낸다. 이러한 갯벌이 만들어지는데는 바닥이 완만하고 밀물과 썰물의 차이가 큰 조석과 오랜 시간의 퇴적 작용이 필요하다.

썰물 때의 진도 갯벌
밀물 때의 김제 거전 갯벌

갯벌의 구분

조간대는 밀물과 관련되는 고조선(만조선)과 썰물과 관련되는 저조선(간조선)의 사이에 해당하는 부분을 말하며, 이를 기준으로 하여 세부적 환경으로 분류된다. 밀물과 썰물 현상은 대조 때와 소조 때의 고조선과 저조선의 위치가 크게 다르다. 이것의 1차 요인은 조석 차이로 인한 주기적인 수면 변화 때문이다. 평균 고조선보다 더 높은 대조 때의 수면 도달 지역을 조상대라고 하며, 평균 저조선보다 더 하위의 대조 때의 저조선 부분과 내륙 쪽 대륙붕 연안 일부를 조하대라고 한다. 이런 조석의 차이는 생물의 분포와 퇴적 환경에 매우 중요한 영향을 미친다.

조간대에 보이는 생물군의 분포를 보면, 이들은 조위 변동과 환경 요인의 영향으로 생물들의 서식 영역이 단계적으로 나누어지는 대상 구조를 나타내는 수가 많다. 조위면의 변동

갯벌 주변 생태계의 모형도
(홍재상, 1998에서 변형)

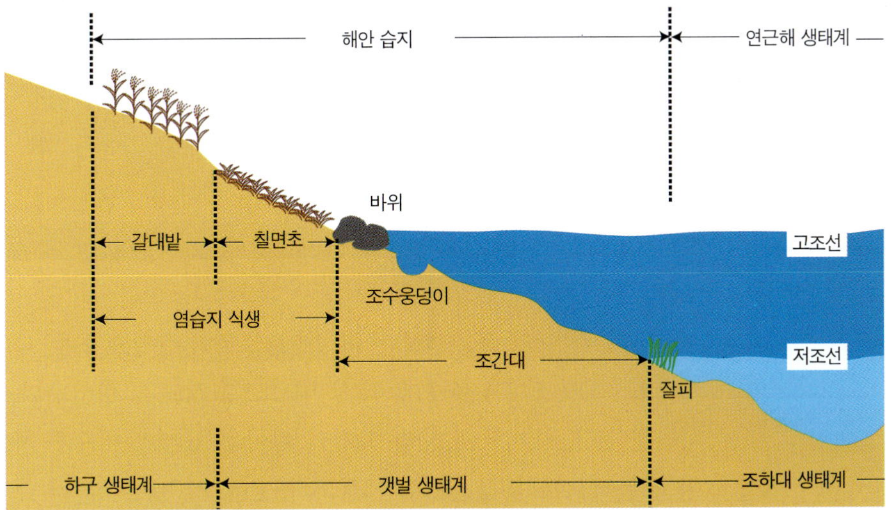

과 생물 분포에 기준하여 조간대를 수직으로 구분하려는 시도가 많은 학자들에 의해서 행하여져 왔다. A는 물리적인 조위면 변동으로 구분하려 한 것이고, B는 생물 군집의 분포로 구분하려고 한 것이다.

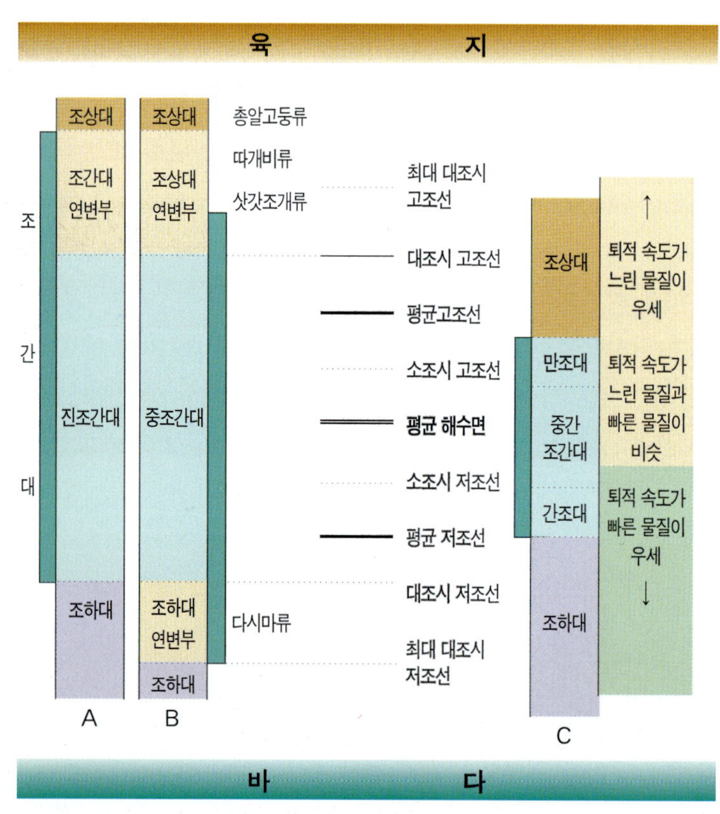

조간대 생물군집의 분포와 퇴적환경
A:Lewis(1964), B:Stephenson and Stephenson(1949), C:원 등(1998)

조간대 각 층의 표면생물은 최상층으로부터 총알고둥류, 따개비류, 삿갓조개류 순으로 대상(띠 모양) 분포를 형성한다. 이러한 분포는 지역에 따라 약간의 차이는 있지만 비슷한 종이 공통적으로 분포하므로 생물의 분포를 기준으로 하여 조간대를 수직으로 구분하는 것이 가능하다.

해양지질학적 견해로 보면, C의 조수 퇴적 환경은 조상대, 만조대, 중간조간대, 간조대, 조하대 등의 서로 다른 조건의 퇴적 환경으로 분류한다. 밀물과 썰물의 조류에 의해 퇴적 작용이 이루어지며, 퇴적 환경은 밀물이 우세한 부분과 썰물이 우세한 부분으로 구분할 수 있다. 조하대와 간조대에서는 무거워서 퇴적 속도가 빠른 물질의 운반이 우세하고, 조상대와 만조대에서는 가벼워서 퇴적 속도가 느린 물질의 운반이 우세하다. 중간조간대에서는 퇴적 속도가 비슷한 양상을 나타낸다. 이와 같은 조간대 전반의 퇴적 작용의 현상에 따라 만조선에서 간조선에 이르는 조간대 표층 퇴적물의 조직 특성은 일반적으로 입자의 크기가 점차 굵어지는 경향을 나타낸다. 즉 간조대의 퇴적물은 만조대의 퇴적물보다 입자의 크기가 굵다. 반대로 간조대에서 만조대로 가면 조간대 퇴적상은 전체적으로 입자의 크기가 미세한 경향을 나타낸다.

갯벌 형성의 원인

조석

썰물과 밀물의 주기적인 현상은 우리 나라 서해와 남해에서 뚜렷이 볼 수 있으며, 동해안에서는 미약하다. 이와 같은 조석 현상은 어떻게 일어나며, 조석의 물리적인 특징과 원인은 무엇인가?

어느 해안에서 하루 중 해수면이 가장 높아졌을 때를 **고조**(**만조**), 가장 낮아졌을 때를 **저조**(**간조**)라 하며, 고조와 저조 때의 해수면의 높이 차이를 **조차**(**조석차**)라고 한다. 그리고 조석에 의하여 변하는 해수면의 높이를 **조위**(**조고**)라고 한다.

조석은 달과 태양의 인력에 의해 해수면이 주기적으로 올라왔다 내려갔다 하며, 주기적인 시간 간격으로 해수를 예측할 수 있는 밀물과 썰물을 말한다. 이 때 흐르는 해수의 수평 방향의 흐름을 조류라 한다. 조류는 조간대에 독특한 환경과 영향을 주는 중요한 환경 요인이다. 세계의 대부분 해안 지역은 조석의 영향을 받는다. 그러나 조석이 모든 바닷가에서 같은 범위나 형태로 이루어지는 것은 아니며, 조석의 형태와 범위가 다르게 발생하는 이유는 복잡하다.

조석 현상을 일으키는 원인은 태양과 달, 지구의 상호작용 때문이다. 즉 달과 지구의 자전에 의해서 발생하는 원심력과 지구가 달과 태양을 끌어당기는 인력의 상호 작용 때문이다.

지구와 달은 그들의 중심을 공전하는 체제에 두고 있다. 지구와 달 체제의 공전은 두 물체 사이에 작용하는 인력에 균형을 이루는 원심력을 만든다. 인력은 지구가 달에 직면하는 쪽이 우세하고, 원심력은 반대쪽이 우세하다. 결과적으로 지구가 달에 직면하는 쪽은 인력 때문에, 지구의 반대쪽은 원심력 때문에 달, 지구, 태양이 같은 선 위에 있을 때 큰 조차를 발생시킨다.

고조와 저조는 대개 약 12시간 25분을 기준으로 하여 조석의 주기를 보인다. 고조와 저조는 각각 매일 전날보다 약 50분씩 늦어진다. 이것은 달의 공전으로 달의 남중시간이 하루에 약 50분씩 늦어지기 때문이다. 또한 실제의 달은 한 달 동안 지구 적도를 중심으로 북위 28.5° 평면과 남위 28.5° 평면 사이를 왕복하므로 하루에 일어나는 두 번의 고조 크기도 달라지게 된다.

매일 반복되는 조석은 같은 장소에서 똑같이 발생하지 않으며 4번의 조석이 항상 있는 것이 아니다. 이러한 이유는 지구가 태양을 공전하는 면이 수직에서 23.5° 기울어졌기 때문이다. 그래서 지구가 회전하는 동안, 고조의 변화는 지구를 공전하는 축에 달이 움직이는 것처럼 지구와 비교해서 달이 변하는 결과이다. 달의 공전은 원이 아니라 타원이므로, 조석은 달이 지구에 가까울 때에 가장 크고 멀 때는 감소한다.

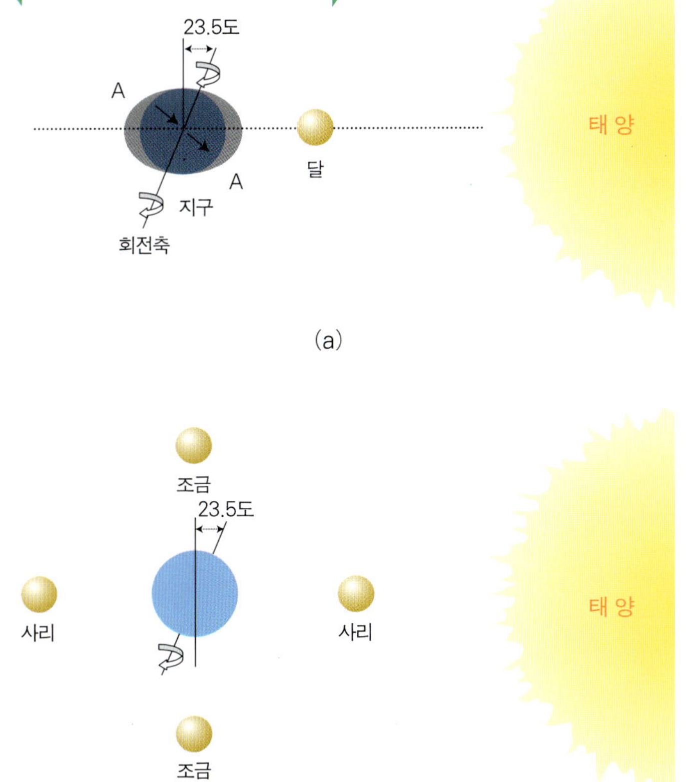

밀물과 썰물이 발생하는 원인 (Nybakken, 1997)

(a) 달은 원심력보다는 인력 때문에 지구에서 가까운 쪽을 팽창시킨다. 반대쪽에서는 원심력이 강하여 팽창을 일으킨다. 점 A는 회전축의 기울기 때문에 2가지 고도의 고조를 보여 준다.

(b) 사리와 조금 때의 태양과 달의 위치

태양은 대조(사리)와 소조(조금)에 영향이 있다. 해안의 조차는 항상 일정한 것이 아니라 음력 한 달을 주기로 커지고 작아지기를 반복한다. 음력 보름이나 그믐에 달, 지구, 태양이 일직선일 때, 달과 태양의 두 힘이 조화를 이루어 가장 큰 조차를 보이는 것을 **대조**라 한다. 태양과 달이 서로 직각일 때, 조석이 최소한의 범위를 나타내는 것을 **소조**라 한다. 대조와 소조는 보통 한 달에 2번 일어난다.

세계 곳곳의 해안에서 일어나는 조석은 지역적 특성에 따라 다양한 양상을 보이는데 주기를 기준으로 하여 세 가지로 나눌 수 있다. 하루 1번 나타나는 조석은 **일일주조**라 하며, 주기는 24시간 50분 간격이고 멕시코 만 등에서 나타난다. 하루 2번 나타나는 조석은 **반일주조**라 하고, 주기는 12시간 25분 간격이며, 개방된 연안에서 가장 흔히 볼 수 있다. 일일주조와 반일주조가 혼합된 것을 **혼합주조**라 한다. 예를 들어 보통 하루에 고조 2회, 저조 2회지만 둘 중 하나가 1번만 일어날 수도 있다. 이것은 밀물과 썰물의 높이가 서로 제각기 변하는 태양과 달의 위치에 따라 매일매일 변하기 때문이다.

조석차가 커서 조석의 영향을 많이 받는 해안은 하구와 조간대가 대표적인 지역이다. 조간대 지역은 고조와 저조 사이에 다양한 퇴적 환경을 이루는 지역이다. 조류와 조차는 대륙붕의 폭과 파도의 작용에 따라 상대적으로 변한다. Davies (1973)은 조석차에 의해서 해안을 소조차 해안(조석차 2m 이하), 중조차 해안(조석차 2~4m), 대조차 해안(조석차 4m 이상)으로 분류하였다. 우리 나라의 경우, 파도의 작용이 활발한 동해안은 소조차 해안, 남해안은 중조차 해안, 서해안은 대조차 해안이다. 제주도의 조석차는 1.5m이고, 목포는

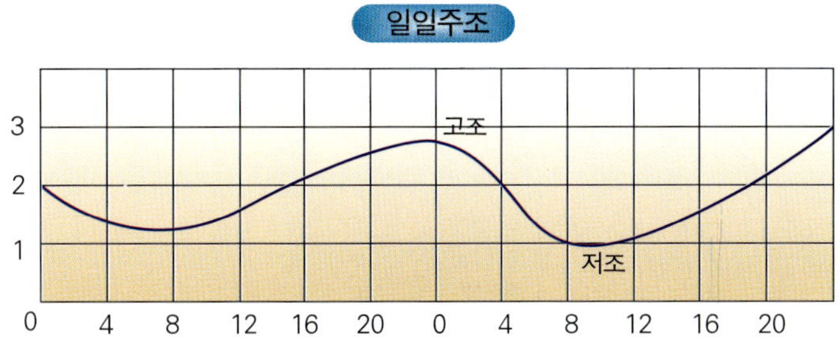

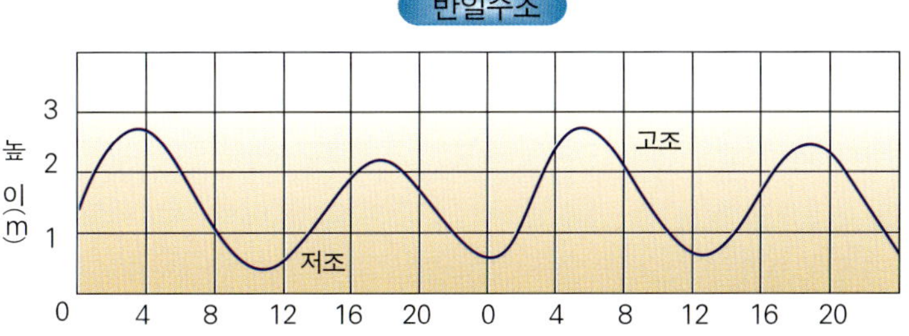

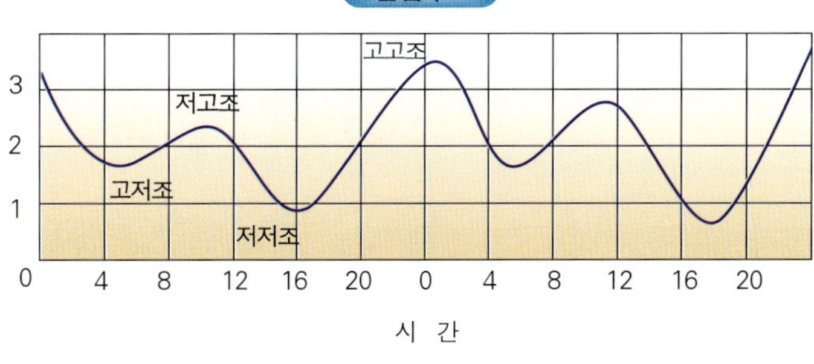

일일주조, 반일주조, 혼합주조의 조석 곡선 (Ross, 1988에서 변형)

3.1m의 조석차를 나타낸다. 서해안의 조석차는 남부가 약 3.0m이고, 북쪽으로 갈수록 증가하여 군산에서 약 6.0m, 인천 부근에서는 약 8.0m에 달하며, 여기서부터 북쪽으로는 감소하여 대청도 부근에는 약 2.8m이나, 다시 증가하여 북한의 남포는 약 4.6m, 압록강 입구는 약 4.2m가 된다. 서해안은

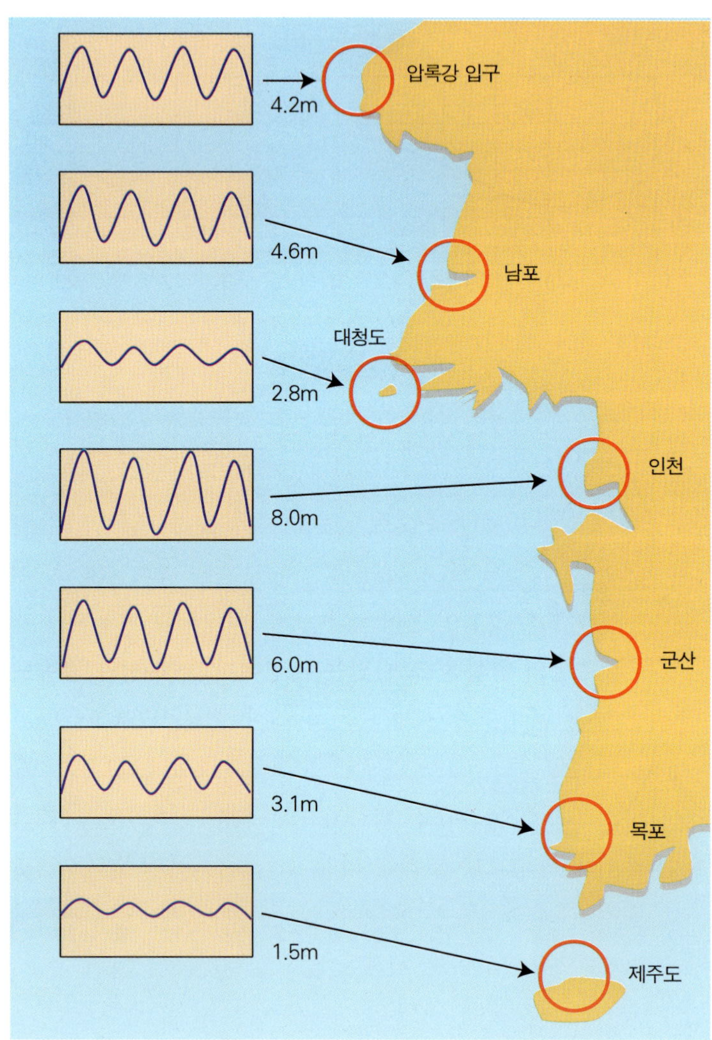

서해안의 지역별 조석차 비교 (고 등, 1997)

얕고 넓은 대륙붕에 발달한 대조차 해안으로 해안선이 복잡하고 인근 육지 또는 해저로부터의 퇴적물 공급이 활발하여 갯벌이 매우 광범위하게 분포한다.

퇴적 환경

갯벌은 조류의 운반 물질이 쌓여 이루어지는 해안 퇴적 지형이다. 조류의 운반 물질은 미세하기 때문에 해수면이 잔잔한 해안에 퇴적된다. 파도 에너지에 비해 조류의 에너지가 작기 때문이다. 따라서 갯벌은 조차가 크고 만이나 섬으로 가로막힌 해안에서 잘 발달한다. 퇴적물 입자들이 조류의 흐름에 따라 움직이다가 가벼운 입자들은 조류의 흐름이나 움직임이 비교적 적은 곳에 퇴적되기 때문에 미세한 입자로 이루어진 갯벌은 육지 쪽으로 깊이 패인 만 깊숙한 곳에 형성되고, 모래 갯벌은 물살이 세고 육지에서 먼 곳에 형성된다. 우리 나라의 태안반도와 같이 바다로 돌출하여 외해와 직접 접해 있는 곳에서는 파도의 작용이 활발하여 갯벌이 상대적으로 덜 발달하거나 모래 갯벌이 우세하다.

갯벌은 조류의 영향을 크게 받는 지형이지만, 하천의 영향도 크게 받는다. 큰 강의 하구는 하천에 의해서 운반된 토사 중 크기가 큰 퇴적물이 쌓여 모래 갯벌이 나타나는 경우가 많고, 하구에서 멀리 떨어진 후미진 장소와 작은 하천의 하부는 하천에 의한 토사 공급량보다 조류에 의해 공급되는 것이 많아 펄 갯벌이 발달하는 경우가 많다. 또한 갯벌의 규모가 큰 곳에서는 미세한 퇴적물이 쌓이고, 외해와 연해에 있어서 갯벌의 폭이 좁은 곳에서는 비교적 파도의 작용과 연안류[2)]의 영향을 많이 받기 때문에 크기가 큰 퇴적물이 쌓이는 경향이 있다.

황해는 중국과 우리 나라 사이에 깊숙한 만을 형성하는 바다이다. 연간 중국의 황하는 약 10억 톤, 양자강은 약 5억 톤의 하천 퇴적물을 바다로 유입시킨다. 이는 세계 2위와 4위에 해당하는 막대한 퇴적물에 해당된다. 황해는 대조차 퇴적 환

2) 풍랑이나 너울로 형성된 파도가 해안에 접근하면 수심이 얕아져 부서지게 된다. 파도에 의해 밀려온 많은 양의 해수는 반대로 밑바닥으로 흐르는 썰물이 되어 바다 쪽으로 되돌아가다가 파도가 부서지는 지역 아래에 형성된 사구를 넘지 못하고 사구를 따라 흐르는 해수

경으로 황하에서 유입된 퇴적물은 90%가 발해만으로 유입되고, 미세한 퇴적물들은 강한 조석에 의해 재부유되어 황해 내의 해류 순환으로 제주도 남서쪽까지 이동한다. 양자강에서 유입된 퇴적물들도 대부분 동지나해로 운반되고 황해 중앙에는 약 1mm 정도의 높이만이 퇴적된다. 반면에 우리 나라의 한강과 금강에서 유입되는 퇴적물은 연간 약 5천만 톤으로 중국에 비해 상대적으로 적다. 그러나 연평균 3~5mm가 서해 연안에 퇴적되므로 갯벌 형성에 매우 중요한 구실을 한다.

퇴적물에 따른 갯벌의 유형

갯벌은 파도 에너지의 세기와 조석 그리고 장기간의 퇴적 작용에 따라 갯벌을 구성하는 퇴적물의 입자 크기로 갯벌의 유형을 나눌 수 있다. 조간대는 암반 지역, 펄 갯벌과 모래 갯벌, 펄과 모래가 섞인 혼성 갯벌 등으로 크게 구분한다. 그밖에 지형적인 특성에 따라 하구역 갯벌을 고려할 수 있다.

펄(머드, 진흙) 갯벌은 모래질의 비율이 10% 이내인 반면, 펄의 질이 90% 이상인 갯벌이다. **모래 갯벌**은 모래가 대부분인 갯벌이다. **혼성 갯벌**은 모래와 펄이 각각 90% 미만으로

크기별(mm) 퇴적물의 분류표(Wentworth, 1919와 오, 1996)

크 기(mm)	William Wentworth 기준	비 고
256 이상	왕자갈보다 큰 돌덩어리	암반 지역
64~256 4~64 2~4	왕자갈 전자갈 왕모래	자갈 지역
0.0625~2	모래	모래(사질) 지역
0.0039~0.0625 0.0039 이하	미사(silt) 점토(clay)	펄(니질) 지역

섞여 있는 퇴적물로 구성된 갯벌이다. 펄이 더 많으면 **모래펄 갯벌**, 모래가 더 많으면 **펄모래 갯벌**로 구분할 수 있다.

그러나 어느 지역의 갯벌에 나가 보면 암반 지역이나 전체적으로 펄 또는 모래로 퇴적물이 구성된 지역을 제외하고는 갯벌의 유형을 구분하기가 쉽지 않다. 같은 지역의 갯벌이라고 하여도 계절에 따라서 지형이나 조류의 흐름에 따라 퇴적물의 구성 성분이 변하기 때문에 부분적으로 여러 가지 유형의 갯벌을 나타낸다. 이런 지역은 모래와 미사(매우 가는 모래)의 크기를 눈으로 구분하기 어렵지만 다양한 생물을 관찰할 수 있는 혼성 갯벌인 경우가 많다.

조간대 상부의 갯벌은 육지가 해수의 직접적인 영향을 받아 절벽이 깎여 내려가는 지역을 제외하고는 주로 펄 갯벌이나

모래 갯벌
혼성 갯벌
펄 갯벌

모래펄 갯벌이 대다수를 차지한다. 그러나 상부의 갯벌이 펄 갯벌이나 모래펄 갯벌로 이루어져 있어도 조하대는 주로 모래 갯벌을 이루고 있는데, 이는 복잡한 해안 구조를 가진 서해 갯벌에서 많이 볼 수 있다. 태안반도의 경우는 육지가 바다 쪽으로 돌출된 지형이라 모래 갯벌을 이루고 있어서 동해안과 같은 해수욕장이 많다.

하구역 갯벌은 담수와 해수가 합류하는 곳으로 2개의 수권 생태계 사이의 변이 지역이다. **하구**는 반폐쇄성 해역으로 해수의 순환이 지형의 영향을 받으며, 인접한 바다와 자유로운 상호 교환이 이루어져 조석과 염분이 들어오고, 담수의 유입으로 해수가 희석되는, 즉 염분차에 의한 조수의 순환이 존재하는 곳이다.

서해안의 한강 · 임진강 하구역에 발달한 경기만의 강화

한강 하구 강화 황산도 주변 갯벌

도 · 영종도 갯벌, 금강 하구역의 군산 갯벌, 만경강 · 동진강 하구역의 김제 · 부안 갯벌, 영산강 하구역에 인접한 무안 · 함평만 갯벌 등은 육상에서 공급된 퇴적물이 완만한 흐름의 하구 주변에 퇴적되어 대부분 펄 갯벌이 우세하게 형성된 지역들이다. 인천 갯벌이나 태안반도의 갯벌들, 장항 갯벌, 옥구 갯벌 등 일부 지역에서는 모래 갯벌도 볼 수 있으며, 남해안의 낙동강 하구역은 대체로 전형적인 모래 갯벌이 주를 이루고 있다. 그러나 각각의 지형을 이루고 있는 퇴적물들은 항상 고정되어 있는 것이 아니라, 주변 지역의 간척이나 매립 등 환경 변화에 따라 퇴적물의 변화가 심하게 나타난다. 그래서 어느 특정 지역의 갯벌 유형을 말할 수 있지만, 그 지역에 가서 관찰하면 한 지역에서도 다양한 유형의 갯벌을 관찰할 수 있는 경우가 많다.

해식 동굴이 발달되어 있는 일부 주변 환경 - 한강 하구 경기만의 인천 장봉도

2. 갯벌의 기능

경제적 가치

우리 식탁에 오르는 대부분의 수산물은 연안에서 생산된 것이다. 그 중 어류는 어획량으로는 50%, 종류별로는 95%를 차지하며, 게 · 조개류 등은 거의 100%를 차지한다. 이런 이유 때문에 갯벌의 개발은 수산 자원에 큰 영향을 준다.

예를 들어 새만금 사업 이전, 이 지역의 연안에서 어류는 74종, 이매패류는 15종, 갑각류는 10여 종이 서식하고 있었다. 사업이 진행된 이후, 어류 어획량이 40% 감소하였는데, 1990년 초반까지 1만여 톤이 생산되었던 이매패류는 1997년경에는 80% 이상 감소하였고, 특히 1천여 톤에 이르던 바지락의 생산량이 60~70톤으로 급격히 감소하였으며, 백합류와 가무락 역시 감소하였다.

갯벌의 수산물 생산 기능의 경제적 가치를 조사한 예를 들어보면 대부도 남리는 286.2ha의 면적에서 22억 원, 영종도 310ha의 면적에서 30억 원, 홍보 지구에서는 781.94ha의 면적에서 73억 원, 군장 지구는 40ha의 면적에서 3억 4천 6백만 원이었다. 4곳의 사례 지구에서 생산되는 연간 총생산액은

수산물의 경제적 가치를 연구한 사례(환경부, 1996)

장 소	생산물	이용 면적(ha)	연간 총생산액(원)	ha당 생산액(원)
대부도 남리	김 · 패류 양식	286.2	22억	754만
영종도	김 · 패류 양식	310	30억	954만
홍보 지구	김 · 패류 양식	781.94	73억	939만
군장 지구	김 양식	40	3억 4천 6백만	865만

128억 원이다. 이런 식으로 우리 나라 전체 갯벌의 면적에서 생산되는 수산물의 경제적 가치를 알아보면 엄청날 것이다.

자연 정화조의 기능

인구가 증가하고 산업이 발달하면서 많은 오염 물질이 바다로 흘러 들어가는데, 이렇게 유입되는 오염 물질을 먼저 여과하는 곳이 염습지 식생이나 갯벌이다. 유입된 오염 물질로 인해 바다에 식물성 플랑크톤의 성장을 촉진시키는 무기영양염인 질산염, 인산염, 암모니아 등을 가진 자연수가 풍부해지면 처음에는 생산량을 증가시키지만 나중에는 생물의 순환 체계를 악화시키는 **부영양화의 원인**이 된다. 염습지 식생이나 갯벌은 이렇게 과잉 공급되는 영양 염류나 오염 물질을 흡수하여 정화하는 데 일익을 담당한다. 즉 갯벌 생태계는 육상 등 외부에서 유입되는 유기물[3]을 분해하고, 분해된 무기영양염을 이용하여 높은 생산성을 유지시킨다. 갯벌의 다양한 생물들은 물 속의 유기물과 영양염(질소, 인)을 섭취하여 갯벌의 수질을 정화하며, 상위 포식자에게 잡아먹혀 수질을 악화시키는 물질을 갯벌에서 제거시키는 구실을 한다.

예를 들어, 해남 간척지에서는 부영양화를 일으킬 수 있는 질소와 인이 1m^{2}당 연간 각각 497g과 67.9g이 제거되는 것으로 조사되었다. 생산성과 이에 따른 정화 능력은 기질[4]과 유기물 함량과 관계가 있는데, 유기물 함량이 높은 지역은 낮은 지역에 비하여 2~10배 이상의 정화 능력이 있다.

갯벌 퇴적물의 깊이별 유기물 분해 능력은 연간 1m^{2}당 함평 갯벌이 3.0~18.7g, 시화방조제 축조 이전 반월 갯벌이 311~520g, 장항 갯벌이 14.7~15.7g, 대산 갯벌이 2.2~

3) 무기물의 반대되는 의미로 생명력이 있는 물질
4) 지표면을 구성하고 있는 물질

갯벌에 유입되는 유기물을 정화하는 갈대
-순천만 대대동

226.7g 정도인 것으로 나타났다. 이들의 평균 분해 능력은 연간 $1m^2$당 30g이며, 이것을 기준으로 우리 나라 전체 갯벌에서 분해되는 유기물의 양을 계산하면 약 21만 톤(생물학적 산소 요구량 22만 톤)이다. 우리 나라 2만 8천여 개의 공장에서 방류하는 생물학적 산소 요구량(BOD)[5)]의 소비량이 3만 6천 톤이라고 하니 갯벌의 정화 능력이 얼마나 대단한지 짐작할 수 있다.

미국 조지아 대학의 오덤(Odum, 1989) 교수에 의하면, 갯벌은 1ha당 1일 생물학적 산소요구량 21.7kg을 정화하는 것으로 나타났다.

5) 미생물에 의하여 유기물질이 산화 분해되는 경우에 소비되는 산소의 농도. BOD가 높다는 것은 수중에 유기물이 많아서 용존 산소를 많이 소비한다는 것을 의미하며, 산소 부족으로 어패류 등에 피해를 준다. 오염된 해역에서는 BOD가 높게 나타난다.

자연 재해와 기후 조절의 기능

갯벌은 육지와 바다가 만나는 장소로 급격한 변화를 완화시키는 구실을 한다. 즉, 갯벌은 홍수량을 조절하여 인명 및 재산 피해를 줄이고, 태풍의 영향을 감소시키는 완충제 구실을 한다. 많은 양의 물을 저장할 수 있기 때문에, 홍수 때에 순간적으로 일어나는 물의 높은 수위를 낮춘다. 미국 미시시피강 하구의 루이지애나주 갯벌은 홍수 조절 및 태풍 조절 기능이 있어 사회 경제적으로 중요한 역할을 한다. 루이지애나 갯벌의 경우 자연 조절의 가치는 1ha당 연간 7,800달러로 평가되었다(Farber, 1993).

습지는 해안 침식을 막고 조절하는 능력이 있기 때문에 미국의 일부 주 정부에서는 태풍이나 허리케인 등으로 일어나는 거센 파도를 완화시키기 위하여 습지를 복원하고 있다. 습지를 구성하는 염생식물의 뿌리는 퇴적물을 고정시키고, 줄기나 잎은 파도 에너지를 흡수하며 강한 유속을 완화시킨다. 특히 해안 습지가 퇴적물을 고정시키면 자연히 바닥이 상승하기 때문에 최근 지구 온난화로 해수면이 상승함으로써 일

농업종합개발 사업의 일환으로 수자원과 토지 자원 조성을 목적으로 이루어진 영암 · 금호 방조제

어나는 피해에 대한 효과적인 대비책으로 알려지고 있다.

우리 나라는 영산강 지구의 간척 매립으로 인하여 목포 지역 등 해안 가까이에 있는 도시에 해수 범람과 같은 해수 상승의 피해를 입고 있다. 이는 간척 매립 이전에는 서해안의 고조 때 해수면 상승이 일어나지 않았으나 방조제 건설 후에는 주변 도시의 해수 범람이 자주 나타나는 것으로, 원인이 갯벌 파괴에 따른 자연 재해 조절 기능의 상실에 있는 것으로 보는 학자들이 많다.

생태적 서식지로서의 기능

우리가 얻는 수산물의 대부분은 연안에서 채취한다. 이는 갯벌이 바다생물들에게 매우 중요한 의미가 있다는 것을 말해준다. 물리 · 생물학적 환경 요인이 먼 바다에 비해 매우 열악하지만, 영양분이 풍부하고 탁도[6]가 높아 적으로부터 보호받

6) 호수나 바다의 맑고 투명한 정도로 부유 물질의 농도를 말한다.

겨울철 우리 나라 습지를 찾아오는 고니 무리 -천수만

기에 용이하여 대부분의 생물들은 포식자를 피해 갯벌에서 먹이 활동을 하며, 알을 낳고, 유생 시기를 보낸다. 이것은 갯벌이 하구나 육상 그리고 바다로부터 유기물을 얻어서 바다의 어느 곳보다도 영양분이 풍부하기 때문이다. 갯벌은 게, 작은 새우, 어류들을 위한 산란 · 보육장의 역할을 함으로써 해양 생태계에 새로운 구성원이 될 유생을 성장시켜 전체 해양 생태계의 안정성에 크게 기여한다.

또한 갯벌은 철새들의 중간 기착지로서 풍부한 먹이를 공급하고 휴식처 역할을 한다. 이렇게 습지를 통과하는 새들을 보호하기 위해 **'람사협약'** 이 제정되기도 하였다.

1996년 환경부 조사에 따르면 어류 서식지로서 영종도는 연간 총생산액이 100억 원에 이른다. 총생산액의 95%가 갯벌에 의존한다고 가정하면 영종도 갯벌의 서식지로서 가치는 95억에 달하고 이는 개발 면적인 1226.2ha의 가치가 된다.

영종도 갯벌에서 체험 학습중인 어린이들

즉 1ha당 778만 원에 달한다. 홍보 지구 갯벌 서식지도 1ha당 620만 원으로 추정되는데, 두 지역의 어류 생산성은 연간 198억 원에 달한다.

문화적 기능

갯벌은 생태적 흥미와 다양성 때문에 갯벌생물이나 철새를 관찰하는 자연학습장의 구실을 하고 있다. 서해 갯벌은 세계 5대 갯벌의 하나로서 우리 나라의 중요한 문화 유산이라는 인식이 확산되고 있으며, 휴식이나 관광 등의 레저 공간으로 이용되고 있다. 뿐만 아니라 바다를 소재로 작품 활동을 하는 작가들에게 작품의 소재를 제공해 주는 문화적 가치가 더욱 증대되고 있다.

이와 같은 갯벌의 문화적 가치는 갯벌생물의 다양성이 토대가 되므로 건강한 생태계가 유지되는 것이 무엇보다 중요하다.

그러나 갯벌의 문화적 가치는 서비스에 대한 시장이 없기 때문에 측정하기 어렵다. 최근 외국을 중심으로 갯벌의 문화적 가치를 수치화시키는 연구가 이루어지고 있다.

2

갯벌 저서 생물의 환경과 분포

일반적으로 갯벌에서 쉽게 저서생물을 관찰할 수 있는 서식 환경은 조간대 상부 지역이다. 물론 바다 방향으로 더 들어가 조간대의 중부 지역이나 하부 지역까지도 관찰할 수는 있지만 결코 쉬운 일은 아니다. 육지 환경과는 다르게 갯벌에 빠지기도 하고 많은 체력을 요구하며 조석 시간을 고려해야만 한다. 바다가 생활 터전인 바닷가 마을 사람들은 조석 시간을 계산하여 수 km까지 경운기를 타고 들어가 갯벌에서 해산물을 채취하는 경우가 많다. 우리가 저서생물을 관찰하기 유리한 곳은 조간대 상부의 바위 지역이나 다른 갯벌에 비해 상대적으로 발빠짐이 덜한 모래 갯벌 지역, 그리고 퇴적층에 모래와 펄이 섞여 있는 지역 중 모래가 우세한 펄모래(니사질) 지역 등이다.

갯벌의 유형은 퇴적물 알갱이의 크기에 따라 나누어지는데 생물의 분포도 이에 따라 영향을 받는다. 저서생물은 기질 환경에 따라 제한적으로 분포하는 종도 있지만, 어떤 종들은 명확히 어느 기질에 산다고 구별하기 어려울 정도로 서식 범위가 넓은 종들도 있어서 저서생물을 환경에 따라 분포하는 서식처를 분류하기가 애매한 경우도 많다. 이것은 각각의 저서생물이 생활사의 변화에 따라 생물적인 요인 · 물리적인 요인 · 화학적인 요인 등에 의해 분포 영역이 변하기 때문이라 여겨진다. 예를 들어 일본 도쿄만의 달랑게과 4종을 살펴보면, 진흙질의 건조가 잘 되는 곳에 넓적콩게, 진흙질이면서 해수 함량이 많은 곳에 칠게가 서식하고, 모래질의 건조한 곳에 엽낭게, 모래질의 해수 함량이 많은 곳에 길게가 분포하고 있다.

이들은 환경에 따라 각각의 서식 분포를 나타내는데 분포 지역이 서로 겹치기도 한다. 암반 지역처럼 눈으로 뚜렷이 구

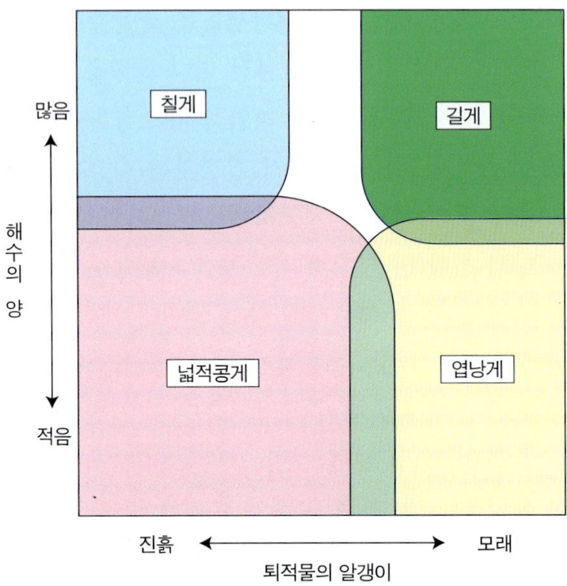

달랑게과 4종의 분포 영역
(이와 손, 1993)

별되는 경우를 제외하고 갯벌의 유형에 따라 생물의 분포 상황을 분류하는 것은 전문학자들을 제외한 일반인에게는 무리한 부분이다.

이 장에서는 조간대의 암반 지역, 모래 갯벌과 펄 갯벌, 하구역 갯벌의 기본적인 환경 요인과 일반적으로 분포하는 저서생물에 대한 내용을 기술하였다. 그러나 암반 지역에서 흔히 관찰할 수 있는 저서생물의 몇 가지 종들은 분류하여 다루었지만, 모래 갯벌이나 펄 갯벌의 생물은 펄 갯벌에서 함께 다루었다. 다만 각 종들에 대한 설명을 하면서 분포 지역을 일부분 다루었다. 그럼에도 불구하고 일반적으로 갯벌의 유형에 따라 서식하는 종들을 나타낸 것은 갯벌 탐사 전 우리가 갯벌의 유형에 따라 어떤 생물을 관찰할 수 있는지 알아보고자 하는 데 있다.

1. 생태계의 구성 요소

일반적으로 **생태학**은 생물과 그들의 환경 그리고 생물군 사이에 존재하는 상호 관련성을 다루는 과학이다. 생물은 독립된 개체나 개체군으로서 존재하지 않는다. 생물은 그들이 속해 있는 종이나 다른 종 그리고 그들을 둘러싸고 있는 환경과 상호 작용한다.

종은 생물 분류의 기본 단위로 생물들 사이에 직접적인 생식적 연결이 증명되며, 생식 가능한 자손을 만들 수 있는 것을 같은 종이라 한다. 하나의 독립된 몸으로 독립하여 생활하는 생명체를 **개체**라고 하며, 동일한 개체가 모여 구성된 집단을 **개체군**이라 한다. 그리고 어떤 지역에 동시에 살고 있는 여러 종의 개체군이 모여서 이루어진 집단을 **군집**이라고 한다. 군집을 이루는 개체군의 크기와 종류, 개체군과의 관계 등을 **군집 구조**라 한다. **생태계**는 자연의 생물계와 무생물계 사이의 끊임없이 이루어지는 물질 순환의 평형을 유지하는 상태를 말한다.

생물과 환경과의 관계

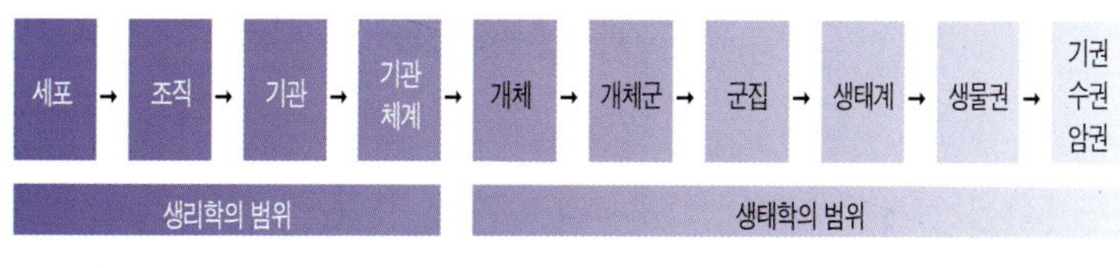

생태계의 모든 생물은 생산자, 소비자, 분해자로 구분된다. 식물은 광합성[7]을 통하여 모든 군집을 유지시켜 주는데 필수적인 역할을 한다. 특히 해양에서, 생산자인 식물성 플랑크톤

7) 빛에너지에 의해 무기물에서 유기물을 합성하는 작용. 녹색식물은 잎의 엽록체 안에서 빛을 이용하여 공기중의 이산화탄소와 뿌리에서 흡수한 물로 탄수화물과 산소를 만든다. 광합성에 영향을 미치는 환경 조건은 빛, 온도, 이산화탄소의 농도이다.

이 광합성한 유기물은 여러 영양 단계를 거치면서 소비자에게 이용된다. 생물은 생산자와 소비자가 상호 작용하고 생활권을 공유하는 재순환의 특정한 군집의 해양 환경을 통하여 분포한다.

생태계에서는 여러 종의 생물이 공존하고 있다. 이것은 종 간에 어느 정도 경쟁을 하더라도 서로를 완전히 배제하지 않기 때문에 가능하다. 한 종이 살아가기 위해 필요한 장소를 **서식지**라 하고, 한 종이 주어진 환경에서 서식하기 위해 필요로 하는 모든 영역의 기본 개념을 **생태적 지위**라 한다. 생태적 지위가 중복되는 부분이 클수록 경쟁이 심해져서, 완전히 겹치게 되면 두 종은 공존할 수 없다. 생물들은 경쟁을 피하기 위해 같은 군집에서 서로 다른 생태적 지위를 차지하며, 이를 위해 다른 먹이를 이용하거나 활동 시간을 달리하는 등의 방법을 선택한다. 한 군집을 이루어도 어떤 종은 개체수가 풍부하고, 또 어떤 종은 개체수가 빈약하다. 개체수가 풍부한 종을 **우점종**이라 하며 군집의 특징을 대표한다. 또한 여러 가지 종류의 종이 한 군집에서 존재하는 다양한 정도를 **종다양성**이라 하는데, 우점종은 없고 여러 종이 골고루 출현하면 종다양성은 높게 나타난다. 생물간의 유사성을 기준으로 종을 구분하는 것을 **분류**라고 한다. 분류 체계는 작은 집단이 모여 더 큰 집단을 이루는 과정이 되풀이되는 계층 구조를 갖는다. 이러한 각 수준의 집단을 **분류군**이라고 한다.

2. 갯벌 저서생물의 이해

저서생물의 정의 및 구분

해양에서 생물은 그들의 생활 양식에 따라 크게 3가지 유형으로 구분된다. 운동 능력이 약하거나 없어서 물의 흐름에 따라 떠다니며 생활하는 **부유생물**(플랑크톤)과, 파도나 조류의 흐름과는 상관없이 스스로 헤엄쳐서 이동할 수 있는 **유영생물**이 있다. 그리고 해양의 암반, 모래, 펄 등의 바다 밑바닥에 서식하는 **저서생물**이 있다. 즉 담수나 해수의 밑바닥을 환경 공간으로 하는 생태계를 **저서생태계**라고 하며, 생의 대부분을 그 곳에서 살아가는 생물을 저서생물이라고 한다.

여기서는 조간대에서 사람의 눈으로 식별할 수 있는 일반적인 대형 저서생물들을 중심으로 알아본다. 저서생물은 저서식물과 저서동물로 구분할 수 있다. 저서식물은 크게 녹조류, 갈조류, 홍조류, 해산 현화식물로 나누어진다.

대형 저서식물의 구분

구　　분	대표적인 예
녹조류	파래류, 청각류, 염주말류
갈조류	미역류, 다시마류, 모자반류, 감태류
홍조류	김류, 우뭇가사리류, 진두발류
해산 현화식물	잘피류, 말잘피류, 거북말류

저서동물은 서식 형태, 생물 계통, 먹이, 크기에 따라 구분하는 방법이 다르다. 먼저 서식 형태에 따라 바위 표면이나 모래, 펄 등의 바닥 표면에 부착하여 서식하는 표생저서동물(표서동물)과, 바닥 속에 묻혀서 사는 내생저서동물(내서동물)로 구분한다.

서식 형태에 따른 구분

구 분	대표적인 예
표생저서동물	해조류, 따개비류, 불가사리류, 군부류, 삿갓조개류, 게류, 담치류, 말미잘류, 해면류, 성게류, 복족류, 집게류 등
내생저서동물	대양조개류, 개불류, 갯지렁이류, 쏙붙이류, 돌맛조개류 등

생물 계통에 따라서는 무척추동물의 환형동물문, 연체동물문, 절지동물문, 극피동물문, 자포동물문, 해면동물문, 편형동물문 등과 척추동물의 저서어류 등으로 구분된다.

생물 계통에 따른 분류

구 분(문)	종 류
해면동물	해면류
자포동물 (강장동물)	산호충류-바다선인장 말미잘류, 해파리류
편형동물	납작벌레류
환형동물	다모류-갯지렁이
의충동물	개불류
절지동물 (갑각류 중심)	등각류-갯강구 구각류-갯가재 만각류-따개비류 · 거북손 등 십각류-새우류 · 집게류 · 게류 등
연체동물	복족류-고둥 · 삿갓조개 · 전복 등 이매패류-조개류 · 굴 · 담치류 등 두족류-오징어 · 꼴뚜기 · 낙지 · 주꾸미 등
극피동물	불가사리류, 성게류, 해삼류, 거미불가사리류 등
완족동물	개맛
척색동물	미색류-우렁쉥이(멍게) · 미더덕 등
척추동물	저서어류-망둑어류 · 장어류

먹이가 식물인가, 동물인가에 따라서 해조류나 미세조류를 갉아먹는 초식동물과, 조개나 담치 등을 잡아먹는 육식동물

로 구분한다. 또한 모래나 펄에 서식하면서 퇴적물 속의 미생물이나 유기 물질을 섭취하는 **퇴적물 식자**와 물 속에 떠다니는 유기 물질을 아가미와 같은 그물망 또는 촉수를 이용해서 걸러 먹고 사는 **부유물 식자**(여과 식자) 그리고 생물의 죽은 사체를 먹는 **부패물 식자**로도 구분한다.

먹이에 따른 구분

구 분	대표적인 예
초식동물 육식동물	성게류, 총알고둥류, 울타리고둥류, 전복류, 삿갓고둥류 등 불가사리류, 대수리, 큰구슬우렁, 갯우렁 등
퇴적물 식자 부유물 식자 부패물 식자	갯지렁이류, 복족류, 일부 게류 등 따개비류, 이매패류, 거북손류, 꽃갯지렁이류 등 왕좁쌀무늬총알고둥, 밤게 등

또한 크기에 따라서는 초대형 저서생물, 대형 저서생물, 중형 저서생물, 소형 저서생물로 구분하기도 한다.

크기에 따른 저서동물의 구분(홍재상, 1998)

구 분	크 기	대표적인 예
초대형 저서동물	어망이나 트롤로 채집 (그물코 15mm 정도에 걸림)	저서류, 불가사리류, 꽃게류 등
대형 저서동물	그물코 1.0mm 또는 0.5mm의 체에 걸림	조개류, 갑각류(새우, 게), 고둥류, 갯지렁이류 등
중형 저서동물	그물코 1.0mm 또는 0.5mm의 체를 통과하고, 그물코 0.1mm의 체에 걸림	저서성 요각류, 선충류, 편형동물 등
소형 저서동물	그물코 0.1mm의 체를 통과함	박테리아, 부착 규조류, 원생동물 등

저서생물의 환경 요인

모든 생물은 종마다 복잡한 환경 조건에서 생활하고 있고, 환경 조건의 일부 또는 전부가 일시적이거나 계속적으로 변하므로 생물은 자신의 종족 보존을 위하여 행동과 습성 또는 형태를 변화시켜 가면서 적응해야만 한다. 환경에 적응하는 방법은 생물의 종과 변화 조건에 따라 다르며, 각각의 환경 조건 또한 복합적으로 생물에게 영향을 주는 상호 관련성을 가지고 있다.

저서생물은 보통 퇴적물의 입자 크기와 유기물의 함량 등 기질 조건이나 용존산소량[8]과 염분 농도 같은 수질 조건에 영향을 받는다. 대부분의 경우에는 양자간에 명확한 관련성이 있으며, 환경에 따라 출현하는 생물이 변하는 것은 각 종류의 생물이 요구하는 환경 조건이 제각기 다르다는 사실을 의미한다.

물리적인 요인

물의 유동은 기본적으로 수온, 염분, 영양염류, 용존산소량, 기질 등에 영향을 미치며, 이에 따라 동물의 형태나 분포에도 대단히 큰 영향을 준다.

저서생물의 환경에 영향을 미치는 물리적인 요인은 파도, 조석, 해류, 기질, 빛, 수온 등이다.

파도는 조간대와 연안 해역 주변에서 생활하는 저서생물의 생활에 절대적인 영향을 주는 생태적인 요인이다. 강한 파도는 방파제, 바위에 부착하여 서식하는 생물들에게 위협적인 존재이며, 적응력이 없는 생물은 살아가기가 힘들다. 또한 파도는 조석이 일어나는 정상적인 지역보다 더 높은 해안가에 물을 튀기거나 뿌려서 조석 범위보다 더 높은 상부 지역에 총알고둥, 조무래기따개비 등과 같은 해양생물이 살 수 있도록 하는 등 조간대 범위를 넓혀 준다. 그리고 파도가 치는 지역

8) 물 속에 녹아 있는 산소량을 말하며, 물 1L 중의 산소량을 부피(mL) 또는 무게(mg)로 표시한다. 맑은 강물에는 7~10ppm 정도 포함되어 있다. 일반적으로 온도 및 염분이 낮을수록 그리고 기압이 높을수록 용존 산소량은 많아진다.

바람이 원인이 되어 일어나는 파도는 수심이 낮은 해안으로 오면서 아래쪽은 바닥의 마찰 때문에 속도가 느려지고 위쪽은 상대적으로 빨라져 해안으로 밀려오면서 점점 파고가 높아지다가 결국은 부서진다.
- 태안 어은돌

은 대기 중의 공기를 물 속에 혼합시키기 때문에 산소가 풍부하며, 거품이 형성되어 빛의 투과를 감소시킨다.

조석은 조간대 생물에게 크게 두 가지 영향을 준다. 첫 번째는 썰물 때에 생물들은 공기 중에 노출되어 온도 변화와 건조를 견디어내야 한다. 장시간의 노출은 생물들이 서식하기 힘들 정도로 주변 환경을 건조하게 하여 큰 온도 변화에 적응하도록 요구한다. 썰물 때에는 먹이를 구할 수 있는 기회가 밀물 때보다는 적고, 노출 시간 동안 견디는 능력이 다양하여 암반 해안에서 관찰되는 생물 분포의 패턴이 다르게 나타난다. 두 번째는 노출 시간에 따라 일교차가 심하다. 열대지방에서 썰물이 밤에 일어난다면 조간대 생물은 매우 낮은 온도에 노출되며, 낮보다는 덜 건조할 것이다. 추운 겨울철 온대지방에서 밤이나 새벽에 썰물이 발생한다면 생물들은 낮보다 더 추위에 맞서야 할 것이다.

그 외, 조석은 해안가 생물의 활동에 리듬을 유도한다. 생물들은 본능적으로 자연의 섭리를 알아 그들의 산란 활동이나 먹이 활동 등 다른 활동에 영향을 받을 것이다.

해수가 대체로 일정한 방향으로 흐르는 것을 해류라고 한다. 해류는 플랑크톤을 이동시켜줄 뿐만 아니라 저서생물의 어린 종들도 분산시켜 주며 영양 물질과 퇴적물도 함께 운반시켜 준다. 옮겨다니지 않고 일정한 곳에 붙어사는 생물인 부착생물이나 기질 속에서 생활하는 동물에게는 먹이를 공급해 준다. 이런 동물은 먹이의 공급을 전적으로 해수의 순환에 의존한다. 그러나 해수의 운동을 생물에 작용하는 하나의 환경으로 취급하여 생물의 적응을 해석하는 데에는 많은 어려움이 있다. 왜냐하면 해수의 운동은 방향이나 속도, 빈도 등이

단단한 암반이나 자갈로 이루어진 바닷가의 경성 기질 -용유도

부드러운 모래나 진흙으로 이루어진 바닷가의 연성 기질 -강화도

상황에 따라 다양하게 나타나 측정하기 어렵고, 같은 정도의 해수 운동이라고 해도 생물의 반응은 다양하게 일어나기 때문이다.

기질은 구성 성분에 따라서 경성 기질과 연성 기질로 나뉘는데, **경성 기질**은 바위, 자갈 등 단단한 기질이고, **연성 기질**은 모래나 진흙 등 부드러운 기질이다.

기질의 유형에 따라 저서생물의 분포가 다르다. 기질은 생물들에게 피난처와 영양분을 제공한다. 일반적으로 경성 기질에는 따개비류, 총알고둥류, 담치류, 굴류 등 부착생물과 게류 등이 서식한다. 경성 기질에 부착하여 서식하는 동물들은 거친 파도에 휩쓸리지 않고 살아가며, 움직임이 용이한 게류 등은 바위 틈이나 자갈 밑에 숨어서 포식자로부터 자신을 보호한다. 고둥류들은 바위 표면에 있는 해조류를 먹는다. 연성 기질에는 적으로부터 자신을 보호하고 생활하는 터널 모

경성 기질인 암반에 부착하여 생활하는 생물들

① 따개비 ② 군부
③ 담치 ④ 굴
⑤ 고둥류 ⑥ 바위 틈에 몸을 숨기고 있는 게

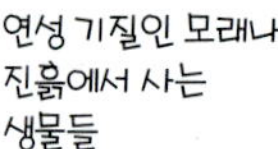
연성 기질인 모래나 진흙에서 사는 생물들

① 모래 속의 유기물을 먹는 동죽
② 갯지렁이 집 주변의 모습
③ 갯벌의 퇴적물 속에 집을 짓고 사는 게
④ 갯지렁이의 서관

양의 굴이나 가느다란 긴 관 형태의 **서관**을 만드는 갯지렁이류, 조개류, 게류 등의 잠입형 생물이 서식한다. 연성 기질에 서식하는 잠입형 생물은 모래나 진흙 속에 자신의 몸을 숨기고 퇴적물 속의 유기물을 먹는다.

빛은 광합성 작용으로 식물의 성장과 증식에 영향을 주고, 동물에게는 시간을 알리고 행동의 방향을 제시하는 자극제가 된다. 빛의 성질 중 빛의 세기와 파장이 생물에게는 중요하다.

수심에 따라 빛의 강도나 유입되는 파장의 차이가 있으므로 각 수심에서 빛을 효율적으로 받아들이기 위해 대부분의 식물은 이들이 서식하는 수심에 도달하는 파장의 색깔과 보색이 되는 색깔의 가시광선의 에너지를 화학 에너지로 바꾸는 작용을 하는 **색소체**를 가진다. 가장 깊은 수심에서는 녹색광이 우세한데 이 수심에서는 녹색광을 잘 받아들이는 홍조류가 주로 서식하고, 중간 깊이에는 갈조류가 우점하는데 이는

조석의 영향을 받는 서해 갯벌의 조하대 주변에서 볼 수 있는 해수의 탁도 -강화도 장화리

해수의 투명도가 서해보다 훨씬 높은 동해 - 삼척

갈조류의 색소체가 녹황색을 잘 받아들이기 때문이다. 조간대 부근의 얕은 수심에서는 적광색을 잘 받아들이는 녹조류가 우점한다. 수심에 따른 이러한 해조류의 분포는 색소체 적응과 관계가 있다. 또한 해수의 투명도나 탁도가 서해보다 유리한 동해는 식물이 훨씬 다양하다.

동물은 빛을 좋아해서 낮에 얕은 물에 주로 서식하는 유형, 약한 빛을 좋아하여 밤에 행동하거나 깊은 수심에 서식하는 유형, 빛을 싫어해서 빛이 전혀 없는 곳에 서식하는 유형이 있다. 동물은 빛으로부터 신호를 받아들이는 구조가 있어 빛을 이용하여 행동하는 데 도움을 받는다. 동물의 진화 수준에 따라 빛을 감지하는 수준, 빛의 방향을 알 수 있는 수준, 뚜렷한 상을 알 수 있는 수준으로 나누어진다. 갯지렁이나 극피동물 같은 무척추동물은 뚜렷한 감각기관을 가지지 않지만 표피에 빛의 강도를 감지하는 단순한 광반응세포가 있어 적이

오면 그림자를 감지하고 피할 수 있다. 쟁반형의 눈을 가진 편형동물의 납작벌레류, 연체동물의 고둥류 등은 빛의 방향까지도 감지한다. 뚜렷한 상을 감지하는 것으로는 무척추동물 중 가장 발달된 눈을 가진 오징어가 있다.

동물들이 빛을 감지하여 이동할 때는 빛의 세기가 수심에 따라 다르므로 수직 이동을 한다. 플랑크톤은 주로 빛을 피하여 밤과 낮의 빛의 강도에 따라 수직으로 움직인다. 빛은 생물의 생리 작용과 밀접한 관계를 가지고 있다. 수중에 들어오는 빛은 식물 플랑크톤의 번식에 직접적인 관계가 있고, 이것은 동물 플랑크톤이나 어류의 번식에 영향을 준다. 이러한 먹이 관계로 연결되어 결국 저서동물에게까지도 영향을 준다.

해양동물의 대다수는 변온동물이므로 이들의 체온은 수온의 변화에 따라 생활이 좌우된다. 수온에 적응 범위가 넓은 동물을 **광온성 동물**, 수온에 적응 범위가 좁은 동물을 **협온성 동물**이라 한다. 광온성 동물이나 협온성 동물은 모두 견딜 수 있는 최고 및 최저 온도의 한계가 있다. 어떤 개체가 평소보다 일정 기간 동안 수온이 높거나 낮은 환경 때문에 고통을 받다가 신진대사[9]가 원활하게 이루어지는 경우가 있는데 이를 **온도 순화**라고 한다. 그러나 그 순화의 정도는 크지 않으며 일정 범위를 벗어나면 죽게 된다. 동물은 적정 한도 이상의 고온이 되면 해수내 용존 산소가 감소하여 호흡 장애를 일으키고 생리적 변화가 발생하여 단백질의 응고로 죽게 된다. 적정 한도 이하의 저온이 되면 신경의 전달 기능이 저하되고 단백질에서 물이 분리되어 동사하게 된다. 따라서 각 동물에는 그 동물의 상황에 알맞은 최적 온도가 있다.

해양에서는 수심에 따라 수온이 달라지므로 수심에 따라 생

9) 생물이 섭취한 영양 물질을 변화시켜 자체를 구성하거나 생활 활동의 에너지원으로서 불필요한 생성물을 배출하는 등 생물체를 구성하는 물질의 변동 전체.

물의 분포가 달라지는 특징도 나타난다. 또 온대지방에서는 일정 해역이라 하더라도 계절에 따라 수온이 변하므로 생물 분포가 계절에 따라서 달라진다. 바다는 특성상 그 크기가 매우 커서 수온의 변화가 큰 범위를 보이지 않지만, 드물게 생물의 치사 한계를 초과하기도 한다. 그러나 조간대 지역은 규칙적으로 다양한 단계의 치사 한계를 넘는 온도에 직면한다. 생물은 즉시 죽지 않더라도 극심한 온도에 약해져서 정상 활동을 하기가 어렵고, 2차 원인에 의해 죽음에 이르게 된다. 또한 간접적인 영향으로는 고열로 인한 건조로 죽음에 이르기도 한다.

광염성 동물의 대표종으로 하구에서 흔히 관찰할 수 있는 말뚝망둑어

화학적인 요인

저서생물에게 영향을 주는 화학적 요인은 염분, 영양염류, 용존 산소량 등이다.

해수 1,000g 중에 녹아 있는 염류의 양을 g으로 나타낸 것을 **염분**이라 하고, 퍼밀(‰, 천분율)의 단위를 사용한다. 세계 해양의 평균 염분도는 35‰이다. 즉 해수 1,000g 중에 35g의 염류가 녹아 있는 것이다.

우리가 음식을 짜게 먹으면 자꾸 물을 마시듯이, 염분의 변화는 삼투압[10]을 변화시키므로 저서생물 분포에 많은 영향을 미친다. 넓은 범위의 염분 변화에 견딜 수 있는 동물을 **광염성 동물**이라고 하며, 염분에 대하여 적응 범위가 좁은 동물을 **협염성 동물**이라고 한다. 조간대나 외해와 연결되어 해류의 순환이 있으면서 하천의 담수가 유입되는 하구에 서식하는 굴

10) 농도가 높은 용액과 낮은 용액을 반투과성 막을 중심으로 나누어 놓으면 농도가 낮은 쪽에서 높은 쪽으로 용매가 이동하면서 생기는 압력. 용액 중에 삼투압이 높은 것을 고장액, 같은 것을 등장액, 낮은 것을 저장액이라 한다.

담수의 영향을 받아 염분도 변화가 심한 소래 갯골

류, 바지락, 말뚝망둑어류는 광염성 동물이고, 외양에 서식하는 오징어나 가리비 등은 협염성 동물이다. 해수의 염분도는 거의 일정하게 유지되지만 장소에 따라 다소 변화가 있다. 장마 등으로 담수가 일시에 해수에 유입되는 조간대나 하구역은 염분도의 변화가 특히 심하다.

생물에게 영향을 주는 염분 변화의 2가지 상황이 조간대에서 발생한다.

첫 번째는 대부분 조간대 생물들은 염분 감소에 제한된 내성을 보이지만, 썰물 때 담수나 폭우가 많이 흘러들면 생물이 염분 감소에 직면하게 된다.

두 번째는 썰물 때에 기질이 움푹하게 패어 바닷물이 괴어 있는 조수웅덩이는 폭우 때문에 밀물이 흘러들어 염분을 감소시키거나, 낮 동안의 증발로 염분 증가를 보일 것이다. 이런 이유 때문에 조간대에 서식하는 생물들은 대부분 광염성을 나타내는 경우가 많다.

해수 중에 녹아 있는 물질의 대부분은 염소, 나트륨, 황산

조간대의 조수웅덩이 -잠진도

염, 마그네슘, 칼슘, 칼륨 등의 무기염류가 약 99.4%를 차지하고, 나머지는 산소, 질소, 이산화탄소와 영양염류 등의 기체 성분이다.

해양에서 영양염류의 수직 분포는 표층 쪽이 적고, 저층 쪽이 많다. 표층에서는 식물성 플랑크톤에 의해 소비되고, 저층에서는 표층의 생물 또는 그 사체가 가라앉아 세균(박테리아)에 의해 분리되어 영양염이 풍부해지기 때문이다. 영양염 중에서 가장 많은 것이 질소와 인이다. 질소 영양염은 인의 영양염보다 농도가 더 풍부하고 생물의 조직을 만드는 데 더 많이 필요로 한다. 빛이 들어오는 **유광층**에서는 광합성이 활발히 일어나 영양염류의 소비가 많이 일어나기 때문에 농도가 낮다. 이 상태에서 하층의 영양염류가 추가적으로 공급되지 않으면 유광층에는 영양염류가 고갈되고 식물성 플랑크톤의 성장도 제한을 받는다.

해수 중에 녹아 있는 산소를 **용존 산소**라 한다. 해수에 용해되어 있는 이산화탄소의 양은 대기 중의 5,000배나 되며, 이는 대기 중의 이산화탄소의 양을 조절하기도 한다. 기체는 일반적으로 수온과 염분이 낮고 기압이 높은 바다일수록 녹는 정도가 크다. 용존 산소는 해양생물의 호흡과 수중의 부유하고 있는 유기물의 분해, 산화 및 밑바닥의 유기성 침전물을 분해하는 역할을 한다. 동물의 호흡 작용은 표층에서 왕성하므로 표층의 용존 산소의 대부분은 호흡에 의해 소비되지만, 하층으로 내려갈수록 유기물의 부패와 박테리아가 산소를 소비한다. 반폐쇄 지역의 해수 유동이 없는 정체된 환경에서 해수가 층을 이루면 표층에 용존 산소가 하층에 잘 전달되지 않아 빈산소층이 형성되고, 심하면 더 아래 쪽에는 무산소층이 형

우리 나라의 서 · 남해안은 해안선의 굴곡이 심하여 동해안보다 반폐쇄 지역이 많다. 대표적인 반폐쇄 지역인 마산만과 진해만

성되어 단세포생물만이 존재하게 된다. 우리 나라의 마산만이나 진해만에서 여름철에 이런 현상이 나타난다. 시화호에서는 6m 이하의 수심에서 무산소층이 형성되는데, 일본의 이사하야의 폐쇄 지역과 출현하는 생물종의 분포가 거의 같다고 한다. 넓은 의미에서 우리 나라와 중국 사이의 황해도 반폐쇄 지역인데 이 곳이 썩지 않는 것은 조석의 영향 때문이다.

생물적인 요인

저서생물의 생물적인 요인으로는 포식, 먹이와 공간, 분산과 이동 등이 있다. 해양 생태계를 구성하는 생물은 서로 포식자와 피식자의 관계에 있다. **포식**은 먹이의 존재를 인식하고 위치를 탐색하여 공격, 처리, 섭취하는 과정으로 단순하게 표현하면 잡아먹는 것이다. 반대로 **피식**은 잡아먹히는 것이다. 잡아먹는 쪽을 **포식자**라 하고 잡아먹히는 쪽은 **피식자**라 한다. 어떤 생물이 종족을 유지하려면 천적에 먹히는 양보다 번식량이 많아야 한다. 크기가 작은 플랑크톤은 높은 번식력을 유지하여 포식자에게 대항하여 남은 적은 개체수만이 성체로 성장한다. 경쟁에 지거나 어린 종이 포식 당하는 종의 경우는 분포가 제한된다. 생물들은 포식 당하지 않기 위해 단단한 외골격을 유지하거나, 굴을 파거나, 조가비나 가시로 몸을 감싸거나, 빠르게 움직이는 등 나름의 보호 방법이 있다.

먹이는 산소 다음으로 생물에게 중요한 요인이다. 먹이 활동은 생물이 생명을 유지하기 위한 필수적 행동의 하나이며, 그 생활 방식이나 환경에 따라 여러 가지 형태를 보인다. 생물이 자기 주위의 물질을 알아차리는 일은 자신의 생존과도 관계된다. 생물은 수중에서 전해지는 정보를 포착하기 위해 화학적 자극을 받아들이는 감각기관을 갖는다. 생물의 진화와 함께 신경계도 발달하여 먹이 활동의 형태가 복잡해진다. 먹이 활동을 자극하는 화학적 작용은 이동하는 동물의 움직임을 멈추게 하고, 먹이의 존재를 인식시키고, 위험하거나 싫어하는 것은 피하고, 맛을 보게 하는 등 먹이를 발견하여 먹을 때까지 일련의 행동을 불러 일으킨다. 예를 들어 화학적 자극은 수미터 떨어진 거리에서도 죽어가는 생물체의 냄새를 맡고 몰려들어 먹이 활동을 하는 왕좁쌀무늬고둥처럼 생물체 각각의 행동에 영향을 끼친다.

생물들은 거의 모든 시

담황줄말미잘과 종밋의 경쟁

담치와 따개비의 공간 경쟁

간과 에너지의 대부분을 먹이 찾는 데 소모한다. 먹이의 양과 질이 동물 플랑크톤이나 유영동물의 분포를 제한하기도 하지만, 저서생물의 경우는 먹이보다 공간이 더 중요한 요인으로 작용하기도 한다. 저서생물에 있어 공간은 은신처를 의미할 뿐만 아니라 빛과 먹이의 양을 결정하는 중요한 요인으로 작용하기 때문이다. 그러므로 부착생물은 서로 좋은 공간을 확보하기 위해 경쟁을 한다.

갯벌의 말뚝에 부착한 따개비

조간대에 서식하는 부착생물의 경우 조석의 주기와 밀접한 관계를 가지고 생식 활동을 한다. 저서생물은 유생이 정착한 곳에서 일생을 마치므로 정착할 장소 선정에 매우 신중하다. 해양생물의 분포 범위는 분산 능력과도 관계가 있으며, 해수 유동의 세기 및 방향은 해양생물의 분산에 커다란 영향을 미친다. 대표적으로 저서생물의 부유성 알과 포자는 해수의 유동을 이용하여 자기 종족을 분산시키는 데 크게 기여하며, 동물 플랑크톤의 주야 수직 이동도 분산과 관련 있는 것으로 알려져 있다.

태안 모항 주변의 바위 해안 풍경.
아쉽게도 지금은 그 늘진 앞부분이 방파제 공사로 사라졌다.

3. 바위 해안

생물의 군집

이 곳은 생물이 생활하기에 매우 어려운 장소처럼 보이지만 지구상의 가장 서식 밀도가 높은 곳 중의 하나이다.

그러나 바위 해안에 서식한다는 것은 쉽지 않다. 조석은 동물과 식물을 번갈아가며 마르거나 흠뻑 젖게 하고, 파도의 강력한 힘은 구조물과 서식지를 파괴시켜 버리며, 온도의 변화는 생물들이 살아가는 데 많은 고통을 안겨 준다. 이러한 환경에 적응하는 생물만 서식하는 것을 허용한다. 특이한 예로 고위도 지방의 얼음이 해안선에 부딪쳐 쪼개지면서 바위에 붙어사는 생물을 위협하고, 열대 지방의 강렬한 햇빛은 바위를 뜨겁게 하여 생물을 고통스럽게 한다. 고조 때는 해양에서 포식자와 해초 식자가, 썰물 때에는 육상의 종이 암반 지역에 접근한다. 폭풍우가 몰아치면 많은 담수의 유입으로 서식하는 생물의 염분 농도가 변하고, 육상의 퇴적물이 서식처를 덮을 수도 있다. 이러한 환경에도 불구하고 바위 해안의 생물 군집은 놀라울 정도로 다양성과 생산성이 높다.

바위 해안에서 생물이 잘 살아가는 이유는 먹이의 양이 풍부하고 신선한 공기를 제공받기 때문이다. 육지와 해양 사이의 합류하는 지점은 생활상의 자연적인 하수구로 살아가는데 중요한 곳이다. 육지에서 흘러나오는 물 속에 용해된 광물은 플랑크톤뿐만 아니라 조간대 서식자를 위한 영양소로 제공된다. 조간대 군집의 성체와 유생(어린 개체)들은 플랑크톤을 기본적인 먹이로 이용한다. 또한 부서지듯 밀려드는 파도와 강한 조류는 영양소가 뒤섞이게 하며 해조류의 풍부한 개체군을 유지할 수 있도록 유용한 공기를 제공한다.

바위 해안에 생물이 잘 살아가는 또 다른 이유는 다양한 생태적 서식 환경 때문이다. 바위 해안의 동식물은 덥고, 높고, 어둡고, 습하고, 갈라진 틈, 조수웅덩이 등 다양한 서식지를 갖는다. 이러한 공간들은 은신처, 휴식 장소, 생활하기 위한 부착 장소, 놀이 공간, 적을 기습 공격할 수 있는 근거지, 사랑을 나누는 은밀한 장소, 은신처 등을 제공한다. 이 곳의 동물들은 적으로부터 자신을 보호하기 위해 껍질을 두껍게 하기도 한다. 복족류들은 바위 표면의 해조류를 갉아먹고 게류나 성게, 불가사리 등은 이동하며 먹이를 찾는다.

생물의 적응과 대상 분포

바위 해안 생물들은 건조와 온도, 파도, 호흡, 먹이 경쟁 등과 같은 열악한 환경에 적응하며 살아가야 한다.

생물들은 썰물 때 공기중에 노출되면 수분 소비를 시작한다. 생존을 위해 수분 소비를 최대한 줄이거나 건조를 견딜 수 있는 신체 시스템을 가지고 있다. 건조를 피하는 가장 단순한 방법으로 게와 같이 움직이기 쉬운 동물들은 습기가 있는 바위 밑이나 갈라진 틈, 바위 사이, 굴이나 해조들이 축축하게 덮여 있는 아래로 은신한다. 식물들은 건조를 피하여 이동할 수는 없으나 식물 조직이 건조에 저항하며 적응한다. 식물은 공기 중에 오래 노출되면 마르고 부서지기 쉽지만, 물을 빠르게 흡수하여 밀물이 되면 정상적인 신체 과정으로 되돌아온다. 수분이 60~90% 감소해도 회복할 수 있다. 동물의 경우도 마찬가지로 딱지조개류의 조개는 75%, 삿갓조개 무리는 종에 따라 30~70%의 수분 감소를 견딘다.

반대로, 동물들의 많은 종은 신체 구조나 행동으로 건조를 예방하는 방법이 있다. 고착 생활을 하는 따개비는 썰물 때에 패각의 판을 완전히 닫아 수분 감소를 피한다. 삿갓조개류는 몸을 바위에 최대한 부착시켜 건조에 견디며, 다른 복족류들은 구멍을 완전히 봉쇄할 수 있는 아가미 덮개가 있다. 굴이나 조개류는 쌍패류의 껍질을 완전히 막음으로써 생존한다. 군부류는 여덟 개의 패각이 서로 분리되어 있으므로 암반의

바위 해안 생물이 건조에 견디는 방법(고 등, 1997)

건조에 견디는 방법	대표적인 생물의 예
1. 수동적인 방법 수분 손실을 견딘다	해조류, 대부분의 동물
2. 능동적인 방법 뚜껑을 닫는다 바위에 밀착한다 점액질을 분비한다 그늘진 곳으로 이동한다	 따개비, 고둥류, 홍합 삿갓고둥, 군부 말미잘 게, 고둥류

미세한 굴곡에 맞추어 정확하게 몸을 밀착시킨다. 말미잘은 물 소비를 줄이는 점액질을 분비하여 몸의 표면이 건조하지 않도록 한다.

더위와 추위에 노출되는 바위 해안 생물은 근본적으로 온도에 적응하는 구조와 행동을 보인다. 비록 생물들이 얼어죽는 경우도 있지만, 저온보다는 고온의 변화에 어떻게 적응하는지에 주로 관심이 모아진다. 생물들은 주위로부터 흡수되는 열을 줄이거나 흡수된 열을 몸에서 방출하는 방법으로 고온에 견딘다.

열의 흡수를 줄이기 위해 표면적을 작게 하는 방법이 있다. 열이 암반으로부터 주로 전달되므로 암반과 접촉하는 부위의 면적을 줄여서 열의 흡수를 줄인다. 실제로 총알고둥이나 삿갓고둥 같은 종은 바위 상부에 부착한 것이 하부의 것보다 암반 표면과의 접촉 부위가 작은 것으로 알려져 있다. 또한 열의 흡수를 줄이기 위해 바위의 상부에서 하부로 이동한다. 총알고둥의 경우 온도가 적당할 때에는 상부에 살다가 3℃ 이하가 되거나 15℃ 이상이 되면 하부 조간대로 이동한다. 그밖에 바위 틈이나 그늘로 이동하는 것도 있다. 갈고둥의 경우는 적정 온도가 아니면 부착 능력이나 이동 능력, 먹이 섭취 능력이 떨어져 물리적인 힘에 의해 하부로 밀려 나와 열 피해를 줄인다.

연체동물의 경우, 열의 발산을 위해 단단한 패각 표면이 각각 다른 특징을 나타내기도 한다. 패각이 밝고, 표면에 복잡하고 날카로운 굴곡이 많은 종들은 빛을 반사시킴으로써 열을 발산시킨다. 반대로 패각의 표면색이 어둡고 매끄러운 종들은 빛을 흡수하여 열을 흡수한다. 실제로 상부의 동물 중 열의 발산이 용이한 종은 햇빛에 노출되어 있고, 열을 잘 흡수하는 종은 그늘이나 바위 밑에 서식하는 것을 쉽게 관찰할 수 있다.

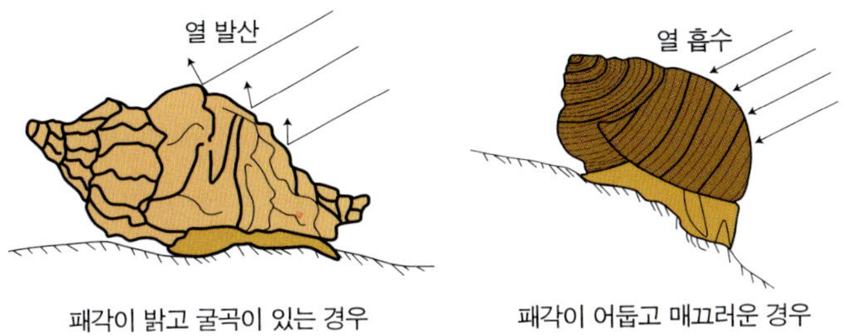

바위 해안 생물의 열에 대한 적응 (Nybakken, 1997)

가장 중요한 것은 열 발산 과정에서 수분이 증발되는 것이다. 동물들은 건조 상태에 노출되면 수분을 증발시켜 열을 발산하여 자신을 시원하게 할 수 있는 여유가 거의 없다. 그럼에도 불구하고 많은 동물들은 신체의 균형을 이룰 수 있도록 수분을 체내에 저장하고 있어서 매우 심한 건조 상태에서는 수분을 증발시켜 건조를 피하는 방식을 이용한다. 따개비와 삿갓조개류들은 고갈되지 않을 만큼의 충분한 양의 수분을 저장하고 있고, 거북손은 체내의 수분을 이용해 5~8℃ 정도의 체온을 낮출 수 있다.

바위 해안 생물이 온도에 견디는 방법(고 등, 1997)

열을 줄이는 방법	대표적인 생물의 예
1. 열의 흡수를 최소화한다	
햇빛을 받는 표면적을 최소화한다	총알고둥, 삿갓고둥
무리를 이룬다	고둥류
밝은 색의 패각을 갖는다	고둥류
2. 열을 방출한다	
패각 표면에 많은 굴곡을 형성한다	고둥류
빛을 반사시킨다	고둥류
증발로 열을 방출한다	따개비, 거북손, 갯강구
3. 바위 틈이나 그늘진 곳으로 이동한다	게, 갯강구

파도는 바위 해안 지역의 상부까지 영향을 줄 뿐만 아니라 주먹 크기만한 돌을 날려버릴 정도이므로 생물은 파도의 영향에 적응해야 한다. 동물들은 패각의 두께나 형태를 달리하여 파도의 충격으로부터 견딘다. 샷갓고둥류는 파도가 심한 하부에 서식하는 개체들이 상부에 서식하는 개체에 비해 패각이 두껍고 각이 낮다. 성게류의 경우도 파도가 심한 지역에 서식하는 종의 껍질이 두껍다. 삿갓고둥류, 울타리고둥류, 눈알고둥류, 담치류 등은 둥글고 단순한 형의 조가비로 파도의 마찰을 줄인다. 게와 같이 움직임이 빠른 생물들은 바위의 갈라진 틈이나 돌 밑을 피난처로 찾는다. 기질 위에 붙어서 천천히 움직이는 고둥류, 군부류, 불가사리류, 성게류 같은 **배회동물**들은 자신의 몸을 보호하기 위해 돌이나 바위 사이, 갈라진 틈 등으로 움직인다. 기질에 부착하여 살아가는 따개비류, 굴류, 해면류, 석회관갯지렁이류 같은 **부착동물**들은 단단하게 매달려서 파도에 휩쓸리는 것을 방지한다. 담치류는 여러 가닥의 가는 실 모양을 띠는 족사를 이용하여 충격을 흡수한다.

동물은 대기에 노출되면 해수로부터 산소를 공급받을 수 없

바위 해안 생물이 파도에 견디는 방법(고 등, 1997)

파도에 견디는 방법	대표적인 생물의 예
1. 패각의 두께나 형태 두께가 두껍다 단순하고 매끄럽다	 성게류, 삿갓고둥류 삿갓고둥류, 담치류, 해조류, 울타리고둥류
2. 피난처를 찾는다	게류, 고둥류, 군부류, 성게류, 불가사리류
3. 기질에 부착한다 표면에 붙는다 족사를 이용한다	 따개비류, 굴류, 해면류, 석회관갯지렁이류 담치류, 홍합류

다. 따라서 물에 잠긴 동안 가능한 한 효율적으로 필요한 영양분을 축적하였다가 대기에 노출되면 이용한다. 그러나 축적된 물질이 다 소비되면 무산소 호흡을 한다. 게 종류는 공기 호흡을 하기도 한다. 갯강구는 배다리를 통하여 공기 호흡을 하지만 몸 표면을 통해서 가스 교환이 이루어진다. 공기 호흡이 전체의 50%를 차지할 때도 있다. 따개비 역시 패각 사이의 미세한 틈을 통하여 산소를 받아들인다. 대수리나 총알고둥 등은 공기 호흡량이 수중 호흡량보다 많을 수 있다.

동물은 주로 초식자, 육식자, 부유물 식자이다. 이들은 대기에 노출되면 먹이 활동에 장애를 받는다. 부유물 식자는 밀물 때에만 먹이 활동이 가능하며, 파도에 의해 공급되는 물로 수막을 형성하여 그 안의 먹이를 취하는 동물도 있다. 일반적으로 고조선 부근에 서식하는 개체가 저조선 부근에 서식하는 개체보다 고조 때의 먹이 활동이 2배 이상 높은 것으로 알려져 있다. 초식자들은 암반이 축축하기만 해도 먹이 활동을 취할 수 있다. 총알고둥은 물이 빠질 때 먹이 활동을 시작하고, 바위 틈 속에 사는 갯강구도 바위 표면의 조류를 갉아먹거나 동물의 사체 조각을 먹기 위해 떼를 지어 다닌다. 그러나 먹

썰물 때 바위 위에서 먹이 활동을 하는 갯강구 무리 - 남해도

이 활동 시간이 제한되어 있으므로 초식자 역시 상부에 사는 종일수록 먹이 활동이 많다.

생물의 밀도가 높은 곳에서는 공간 경쟁이 매우 치열하다. 조무래기따개비 유충은 바위 해안 중상부에 정착하지만 성인기는 주로 상부 지역에서 서식한다. 중간 지역에서 소멸하는 이유는 따개비류의 경쟁 때문이다. 따개비류는 어린 조무래기따개비를 눌러 부수거나, 들어올리거나, 압박해서 으깨는 방법으로 같은 장소에 서식하는 조무래기따개비를 바위 표면에서 효율적으로 제거한다. 그러나 조무래기따개비류는 고온과 건조에 견디는 능력이 다른 따개비류보다 우월하여 상부 지역으로 옮겨간다. 불가사리류와 담치류 사이에서도 포식과 공간 이용을 둘러싼 경쟁이 발생한다.

위와 같이 생물들은 다양한 방법으로 환경에 적응하면서 바위 해안에 서식한다. 해수면의 수평 높이에 따라 달라지는 조간대 생물의 분포를 **대상 분포**라 하는데 바위 해안에서는 모래 갯벌이나 펄 갯벌보다 썰물 때에 뚜렷한 대상 분포를 나타낸다. 바위 해안의 대상 분포는 산의 고도에 따라 관찰되는 대상 분포 패턴과 비슷한데, 단지 산의 대상 분포가 수 킬로미터에 달하는 반면 바위 해안의 대상 분포는 수직으로 불과 몇 미터 정도에 불과하다는 차이가 있다.

이런 대상 분포의 원인은 각각의 종에 따라 고유의 원인이 있지만, 보통 저조 시간의 길이에 따라 먹이 공급 시간의 길이, 온도와 건조에 대한 내성, 생물 상호간의 경쟁 등 생물 서식과 밀접한 관계가 있는 환경이 바위 해안의 수직 높이에 따라 다르기 때문에 형성된다.

조수웅덩이

바위 해안의 특이한 지형은 조수웅덩이이다. 조수웅덩이는 썰물 때에도 바닷물이 고여 있기 때문에 서식하는 생물들에게는 특별한 환경이다. 조수웅덩이에서 관찰되는 생물들은 인접한 바위에서 관찰되는 생물과 비슷하다. 대략 보아서 조수웅덩이는 노출 시간 동안에 바위 해안의 혹독함을 벗어나려는 생물체의 이상적인 장소처럼 보이지만, 실제로는 조간대의 다른 지역보다 생물이 서식하는데 다음과 같은 면에서 더 어려운 환경이라고 볼 수 있다.

첫 번째는 온도이다. 조수웅덩이는 고인 물의 양의 크기에 따라 변화가 매우 심하다. 더운 날에는 생물의 치사 온도에 빠르게 이를 것이며, 추운 날에는 결빙 온도를 유지할 것이다. 더욱 문제가 되는 것은 온도 변동이다. 조수웅덩이는 노출되는 동안에 여러 시간에 걸쳐서 열이 오르거나 내려간다. 그러나 조석이 다시 찾아올 때, 해수로 넘치면서 전체 조수웅덩이의 온도가 갑자기 바뀐다. 조수웅덩이의 일교차는 조간대의 높이, 용량, 그늘의 정도, 노출 등에 따라 다르지만 대략 15℃ 정도이다. 그래서 조수웅덩이에 서식하는 생물은 광온성 변동에 적응해야 한다.

바위 해안의 조수웅덩이 -학암포

두 번째는 염분이다. 썰물 상황에서 고온은 염분 농도를 증가시키고, 폭우 시에는 반대 현상이 일어난다. 조수웅덩이에서 염분은 5~25‰의 범위에서 변화한다. 조수웅덩이에 서식하는 동식물은 전형적인 해양생물이나 조간대 생물보다 더 광염성에 적응해야 한다. 밀물 때는 웅덩이가 바닷물에 침수되어 해수의 범위로 돌아갈 것이다.

마지막으로 산소량의 문제이다. 생물들은 호흡을 위해 산소를 필요로 하나 조수웅덩이의 온도가 높아지거나 생물의 밀도가 올라가면 산소 부족 현상이 나타날 것이다. 일반적인 상황에서는 산소 부족 현상이 심각하지 않을지도 모르나, 해조류가 가득 찬 웅덩이는 이들의 호흡으로 산소량이 부족한 상황이 생길 것이다.

조수웅덩이는 조간대 생물의 건조를 피하는 지역이다. 그러나 생물들은 온도, 염분, 산소 변화를 경험한다. 이처럼 저서동물군과 식물군은 그와 같은 범위에 견딜 수 있는 생물로 제한된다.

저서생물

우리가 저서생물을 관찰하러 조간대에 나갔을 때 다른 갯벌 환경과 비교하여 바위 해안에 서식하는 저서생물은 쉽게 눈으로 관찰할 수 있다. 여기에 소개된 저서생물은 대부분이 바위 해안에서 쉽게 관찰할 수 있다. 물론 바위 해안에 영향을 주는 바닷물의 투명도에 따라 펄 갯벌과 모래 갯벌 근처의 바위 해안 저서생물의 분포에는 차이가 있다.

저서동물상

해면동물

해면은 약 6억 년 이상 전부터 번성한 종으로서, 가장 미

분화된 다세포동물이고 약 1만 종 정도가 현존한다. 극지 해역에서 열대 지역까지, 심해부터 조간대에 이르기까지 널리 분포하고 있어 해양생태계에서 중요한 역할을 담당하고 있다. 이처럼 번성할 수 있는 것은 생식이나 생리기능의 측면에서 잘 적응하였을 뿐만 아니라 각 종의 적으로부터 잘 도피하였기 때문이기도 하다. 해면은 탄산칼슘이나 규산으로 된 예리한 골편이나 단백질로 된 딱딱한 해면질 섬유 등으로 몸은 견고하며, 플랑크톤과 같은 미소한 유기물을 여과해서 먹는 고착생물이다.

해면동물은 후생동물 중 최하등의 동물로 세포의 진화 정도가 낮아 감각세포와 신경세포가 없으며, 생활 양식도 동물보다 식물에 더 가까워 식물이라고 생각하였던 적도 있다. 겉모양은 여러 가지가 있는데 속이 빈 항아리 모양, 원통 모양, 꽃병 모양, 주머니 모양, 주발 모양, 잎사귀 모양 등 일정한 외형을 가진 것이 많으나 모양이 일정하지 않은 종류도 적지 않다.

해면동물은 육상에 사는 것은 없고, 모두 물에 살며 대부분 바다에 산다. 조간대에 부착하는 해면은 규칙적인 노출에 적응력이 강하며, 약 0℃~33℃ 범위까지 광온성을 나타낸다. 해면류가 직사광선을 받을 때, 해면조직의 온도는 기온이나 수온보다 4℃ 높다. 해수의 염분 농도는 수온과 더불어 해면의 분포에 제약을 주는 것으로 염분 농도 35‰ 전후에서만 살 수 있다.

우리가 조간대 암반에서 흔히 볼 수 있는 해면은 해변해면류이다. 몸은 바위나 해조류의 줄기 위로 얇게 퍼져 있고 구멍이 관 모양으로 솟아 있다. 표면에는 구멍이 열려 있는 수많은 관이 돌출하여 마치 작은 화산을 보는 듯하다. 종 수는 많지만 사람과 관련성이 있는 것은 적은 편이다.

보라해면 : 바위에 부착하여 사는 종으로 썰물 때 관찰할 수 있다. 표면을 이루고 있는 골격이 없어서 일정한 형태가 없고 바위나 돌의 표면에 얇게 펴져 있다. 해면의 질은 연하고 부드러우며 짙은 보라색을 띤다.

바위 위에 얇게 펴져 있는 보라해면의 군체

주황해변해면 : 조간대 바위 등에 얇게 펴져 있다. 일정한 모양이 없고, 표면에 무수히 많은 돌기가 돌출하고 그 끝에는 구멍이 열려 있다. 해면질은 부드럽고 색은 고운 주황색이다.

바위 위에 얇게 펴져 있는 주황해변해면의 군체

황록해변해면 : 일정한 모양이 없고 바위나 해조류의 가지에 덩어리를 이룬다. 해면질은 연하고 황록색을 띤다.

바위 밑에 덩어리를 이루고 있는 황록해변해면

자포동물

히드라충류의 대부분은 해산이나, 연안에서 약간 깊은 곳까지 있으며 기수산과 담수산이 있다. 연안의 해조, 암초, 또는 다른 동물에 붙어살고 있으나 평생 부유성인 것도 있다. 해파리의 종류는 보통 내만성인 종류가 많고, 히드로충류는 암석이나 다른 동물에 붙어서 살고 모래 진흙에 서식하며, 자유생활을 하는 것도 있다. 이들은 모두 군체성으로서 고착생활을 하며 주로 해조의 뿌리, 줄기, 잎과 자갈, 바위의 위와 아래, 그늘진 곳, 해면 위, 조개껍데기 위, 게의 집게다리 등 갑각과 다리, 다모류의 집, 멍게 등 다른 저서동물에 부착하여 생활한다.

유영 생활을 하는 해파리형과 고착 생활을 하는 폴립형의 2종류가 있다. 몸은 상하의 축을 중심으로 몸이 중앙의 한 점에서부터 사방으로 바퀴 살처럼 뻗친 **방사대칭** 모양이다. 입 주위를 따라 수많은 촉수가 나 있다. **촉수**는 하등동물의 촉감기로 대부분 하등 무척추동물의 입 가장자리에 있는 가늘고 긴 끈 모양의 돌기이다. 감각기를 가지고 있는 것이 많으며, 먹이를 잡는 구실을 하는 것도 있다. 촉수에는 상당히 분화한 자세포가 있다. 자세포 안에는 작은 채찍 모양의 자포가 있는데, 외

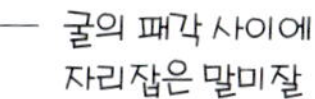
굴의 패각 사이에 자리잡은 말미잘

썰물 때 조수웅덩이의
담황줄말미잘

촉수를 내밀고 있는
담황줄말미잘

부 자극을 받으면 방출된다. 먹이가 폴립의 촉수에 닿으면, 독이 든 자포를 가진 세포가 자극을 받아 재빨리 늘어나 먹이를 찌른다. 자포 중에는 낚시바늘 같은 것, 점액이 있는 것 또는 먹이를 휘감는 것도 있다. 먹이가 힘이 빠지면 촉수는 그것을 입으로 운반하여 강장 속에서 소화시킨다.

암반 해안에 자주 보이는 말미잘은 큰 개체의 폴립이다. 몸은 기본적으로 원통형이고, 상부에는 구반이 있으며, 하부에는 기질에 부착하기 위한 족반이 있다. 말미잘은 일반적으로 단단한 표면의 기질에 붙어 있지만, 일부는 모래나 펄에 잠입하거나 다른 동물의 껍데기에 부착하는 경우도 있다. 직경은 2~3cm 정도에서 30cm까지 다양하다.

말미잘류 : 귀여운 산호 모양으로 군집을 이룰 때는 마치 꽃밭 같다. 대부분 게걸스런 포식자로 그들의 촉수에 닿으면 어떤 먹이든 자루 모양의 위 안으로 끌어들인다. 말미잘류는 대개의 경우 자세포를 이용, 외부의 포식자들로부터 자신을 보

썰물 때의
담황줄말미잘

호하는데, 위험할 때는 온 몸이 수축되어 바위 속이나 땅 속으로 들어가 버린다.

풀색꽃해변말미잘

담황줄말미잘 : 전국의 조간대 바위나 갯벌에 박힌 나무, 인공 구조물에 부착하여 촉수로 생물을 잡아먹고 산다. 크기가 작고 몸통은 짙은 녹색 바탕에 황색의 줄무늬가 세로로 나 있다. 썰물 때에 인공 구조물 사이의 틈에 무리를 이루고 있는 경우를 자주 관찰할 수 있는데 마치 큰 물방울 덩어리들이 맺혀 있는 것처럼 보인다. 주로 그늘진 곳이나 어두운 곳에 무리를 이루고 있는 경우가 많다.

촉수를 감싸고 있는

게를 잡아먹고 있는
풀색해변말미잘

주변 환경과 비슷하게 위장하고 있는 말미잘의 모습

물이 고여 있는 바위 해안의 바위 틈에 있는 갈색꽃해변말미잘

측해변말미잘

몸통 전체를 보여 주는 말미잘

아래의 검은 족반으로 바닥에 부착해서 산다

겉 표면이 녹색의 볼록볼록한 혹 모양을 나타내고 촉수는 연한 노란색을 나타내는 **풀색꽃해변말미잘**, 바위 틈 또는 썰물 때에 물이 고여 있는 웅덩이에 사는 **갈색꽃해변말미잘**, 촉수에 청록색 세로줄이 있는 **측해변말미잘**은 바위 틈이나 모래가 많은 갯벌 주변에서 관찰하기 쉽다. 썰물 때에도 물이 고여 있는 곳에 있으면 촉수를 아름답게 펼치고 먹이 활동을 하지만, 물이 완전히 빠졌을 때는 조개껍질 조각이나 모래로 위장하고 있다. 손으로 잡으면 속으로 들어가 쉽게 잡을 수가 없다.

편형동물

바다에 사는 종류는 납작벌레라고 하며, 몸길이는 겨우 수 cm 정도이다. 납작하며 바위 밑에 숨어 있다. 그다지 포식대상이 되지 않지만 동작이 느리기 때문에 포식자에게 노출되면 잡아먹히기 쉽다. 이 종의 방어 행동의 특징은 산성 점액을 분비한다는 것이다. 이 점액은 등 쪽 표피에서 나오며 주성분은 황산으로 추정한다.

납작벌레류 : 편형동물은 바위 해안의 조수웅덩이의 돌 밑에서 많이 관찰된다. 이것은 주로 돌 밑에 서식하며 복부의 섬모를 사용하여 돌을 따라 미끄러지듯 움직인다. 주변의 색과 거의 비슷한 색채를 나타내기 때문에 세심하게 관찰해야 볼 수 있다. 주변의 패류나 바위의 날카로운 곳에서도 부드럽게 잘 이동한다. 갈색이 있는 회색의 몸 전반부에 2개의 검은 안점을 가지고 있다. 몸의 중앙에 있는 검은 부분은 소화관의 개구부이다. 굴 양식장의 해적생물로 알려져 있다.

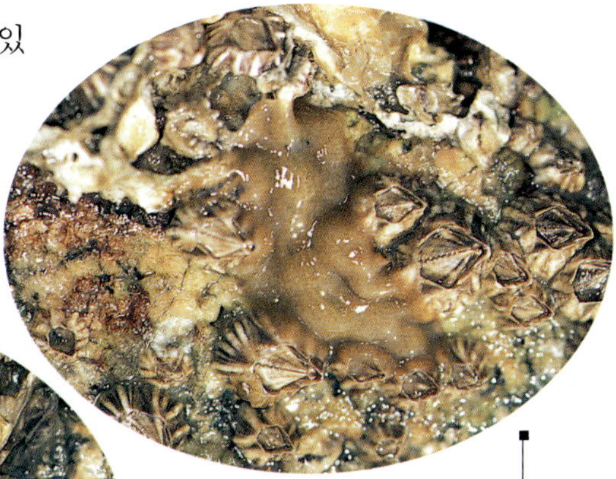

납작벌레류의 등면

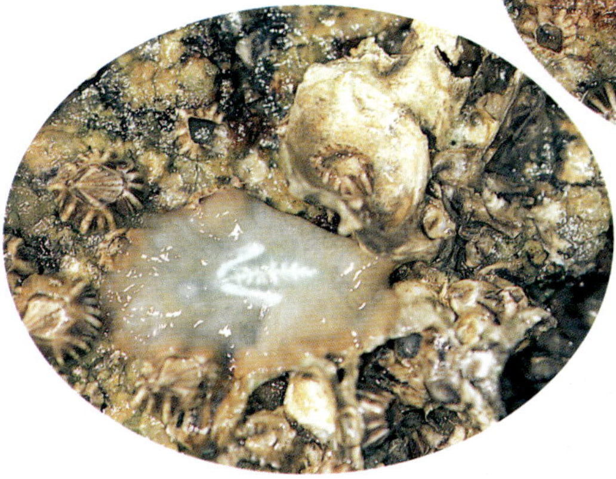

납작벌레류의 배면

환형동물

라틴어의 '고리'라는 말에서 유래되었다. 몸은 좌우대칭으로 앞뒤로 연결되는 많은 마디로 되어 있으며 가늘고 길다. 표면은 잘 발달된 막으로 덮여 있고, 붉은색, 분홍색, 갈색, 녹색, 오렌지색 등 여러 색을 나타낸다. 전신이 붉게 보이는 것은 얇은 표피를 통하여 혈액 중에 있는 헤모글로빈의 색깔이 외부로 나타나기 때문이며, 성숙기에는 생식 물질로 인해 엷은 노란색을 나타내기도 한다. 배설기는 신관인데, 체절마다 한 쌍이 있고, 소화계는 몸의 앞 끝에 있는 입으로부터 인두, 식도, 창자를 지나 뒤끝에 있는 항문으로 통한다. 일반적으로 가늘고 긴 지렁이 모양을 하는 것이 보통이지만 굵기와 길이의 비율이 여러 가지로 고슴도치 모양이거나 오뚜기 모양, 꽃 모양, 가늘고 긴 실 모양 등 여러 가지가 있다. 크기는 수 mm에서 1~2m 정도로 다양한데 보통은 1cm 정도에서 30cm가 대부분이다.

다모류의 **갯지렁이류**는 해산 저서동물 중 개체 수와 종 수가 우점하는 동물군이다. 자유 이동성인 종과 고착성인 종이 있는데 대부분이 해저의 퇴적물 위를 기어다니거나 잠입해서 서식한다. 조간대의 펄 속, 바위 틈 사이, 모래, 자갈 사이, 해조류들이 서식하는 곳 등 조간대에서 심해까지 거의 모든 기질에 서식하고 있다. 낚시 미끼 등 상업종으로 외국에 수출하고 있다. 최근 유기 물질이 어느 정도 오염되어 있는지 알아보기 위해 연안 해역에 살고 있는 종들은 해양 오염의 지표종으로 이용되기도 한다. 한편, 굴이나 조개 등에 부착하거나 천공으로 해를 주는 종도 있고, 식성은 부유물 식성, 퇴적물 식성, 육식성, 초식성, 부식성 등 종에 따라 여러 가지 다양한 형태를 나타낸다.

비늘갯지렁이류 : 몸은 등과 배 쪽으로 납작하고, 등 쪽 가운데는 약간 융기되어 있으며 일정한 마디에 좌우에 한 쌍씩 붙은 등 비늘에 덮여져 있다. 배 쪽의 표면은 보통 매끈하다. 비늘갯지렁이류는 매우 발달된 육식성이며 바위나 돌 밑을 기어다니며 다른 동물들과 생활한다.

비늘갯지렁이류의 배면

비늘갯지렁이류의 등면

석회관갯지렁이류 : 자신이 분비한 석회질의 관 속에서 서식하는데 때로는 이 석회관이 작은 암초를 이루기도 한다. 석회질의 관은 약간 원통 모양이고 곧게 된 것, 꾸불꾸불한 것 또는 불규칙적으로 꼬인 것 등이 있으며 대부분 딱딱한 경성 기질에 붙어 있다.

갯벌에 굴러다니는 유극형 피뿔고둥의 패각 표면에 부착되어 있는 석회관갯지렁이류의 집

조간대 암반에 부착되어 있는 석회관갯지렁이류의 집

절지동물

사람이나 짐승, 물고기 등 척추동물은 뼈대를 가지고 있고, 그 뼈대를 중심으로 근육과 몸의 각 기관이 붙어 있는 모양을 하고 있지만, 절지동물은 몸 밖에 골격을 형성하고 체절을 이루는 특징을 보인다. 이렇게 몸 밖에 골격이 있기 때문에 몸은 여러 개의 조각으로 이루어져 있으며 환경에 대한 적응력이 매우 높다. 갯벌에서 관찰할 수 있는 동물은 게류, 새우류 등의 갑각류가 대표적이라 할 수 있을 만큼 그 종류가 많다. 몸은 머리, 가슴, 배로 나누어지지만 머리와 가슴이 사람처럼 목으로 이어져 있지 않고 합쳐져 있어 두흉부라고 하며, 모양과 사는 모습도 각 종마다 다르다. 외골격에 싸여 있는 몸은 성장하려면 때때로 탈피(허물벗기)를 하여야 한다. 대부분이 아가미로 호흡하며 암수딴몸이다.

만각류 : 따개비와 거북손이 대표적인 종들이다. **따개비류**는 산 모양의 딱딱한 석회질의 껍데기로 덮여 있다. 몸은 외투강 안에 거꾸로 서 있는 모양으로 머리와 6쌍의 갈쿠리 모양의 만각이 있는 흉부로 구성되어 있다. 각판(껍데기) 속에서 나오는 **만각**이라 부르는 뻗어나온 다리를 이용하여 해수의 부유물을 걸러 먹으며 바위 해안의 조간대 중 · 상부에 서식한다. 한 번에 수천~수만 개의 알을 생산하고, 1년에 보통 여러 번 알을 낳으며, 성체는 최대 약 30년까지 생존하는 따개비가 있다. 어릴 때는 자유 유영 생활을 하지만 곧 기질에 부착하여 석회질 껍데기를 형성하고 그 속에서 자란다. 따개비는 바위나 물 속의 나뭇가지에 무리 지어 붙어서 유기물이나 미생물을 먹고 산다. 밀물 때 바닷물이 들어오면 갈쿠리 같은 촉수로 물 속의 플랑크톤을 잡아먹고 썰물 때에 물이 빠지면 문을

꼭 걸어 잠그고는 밀물 때를 기다린다. 딱딱한 껍질은 그 때까지 수분을 몸 속에 가둬두는 구실을 한다. 각의 입구 근처는 톱날 모양을 이루기 때문에 맨손으로 만지거나 맨발에 닿으면 다치기 쉽다.

물 속의 부유생물을 걸러먹는 따개비의 먹이 활동 모습

따개비류는 바위나 배, 부표, 말뚝 등 단단한 구조물에 붙어살거나, 다른 생물에 부착해서 생활하며 전세계에 분포한다. 흔히 선박의 밑바닥에 부착하여 부력과 항해 속도를 감소시키고 연료 효율을 나쁘게 하거나, 해양구조물에 상당한 피해를 입히는 **오손 부착생물**이다. 예전에 따개비가 잔뜩 부착한 선박을 육지로 인양하여 이를 제거한 뒤, 배 밑바닥을 불로 그을리는 일은 서해안이나 남해안에서 흔히 볼 수 있는 일이었다.

선박이나 해양구조물에 생물이 달라붙지 못하도록 선박용 페인트 속에 생물부착 방해제 TBT(Tributyltin)를 널리 사용하여 방해 효과를 보고 있다. 그러나 이 방해제는 독성이 아주 강해서 다른 해양생물에 나쁜 영향을 주고 있다. 굴, 홍합 등의 양식생물의 성장을 억제할 뿐만 아니라 대수리, 소라 등의 고둥류에 성전환을 유발하여 암컷을 불임으로 만드는 등 생태계에 나쁜 영향을 끼치고 있다.

거북손 : 바닷물이 맑은 해안에 분포한다. 남해도에 흔하며

바위 틈에 서식하는 거북손

파도가 치는 바위에 무리를 이루고 있는 거북손

주로 그늘진 조간대 암반의 돌 틈에 군집을 형성한다. 남해안에서는 주민들이 삶아 먹기도 하는데, 맛은 게나 새우와 비슷하다. 스페인에서는 술안주로, 칠레에서는 날로 먹거나 통조림으로 조리하기도 한다. 몸의 표면은 노란색을 나타내며, 전체적으로 윗부분은 삼각형 모양의 여러 가지 판으로 이루어져 있고, 아래 부분은 손잡이 모양의 병부가 있다. 병부의 표면은 수많은 타원형 또는 원형으로 된 각질로 덮여 있다.

검은큰따개비 : 남해안의 바위 해안에서 쉽게 관찰할 수 있는 흔한 종이다. 물이 맑은 곳에 살기 때문에 서해의 바위해안에서는 거의 볼 수 없다. 패각은 원형이고, 옆에서 보면 원추형이다. 마치 화산의 분화구 같다. 표면은 진한 회색이지만 회갈색 또는 청회색도 있다. 내면은 자주색이나 흑갈색이며 밑으로 갈수록 연해진다.

바위 위의 검은큰따개비

조무래기따개비들의 무리들

조무래기따개비 : 우리 나라 바위 해안의 상부 지역의 경성 기질에서 어김없이 볼 수 있는 가장 흔한 종이다. 패각의 직경은 납작하고 표면이 회색이며 불규칙하다. 파도가 높게 치고 응달진 곳일수록 분포 범위가 넓다. 대표적인 부유물 식자이다.

고랑따개비 : 우리 나라 서해안의 바위나 부착할 수 있는 거의 모든 곳에 있는 흔한 종이다. 패각은 원통형에 가까운 원추형이며, 표면의 색은 자주색 또는 회색이다. 각판의 표면은 거칠고 줄무늬는 없으나, 두꺼운 세로줄이 융기되어 있어 다른 종과 구별이 쉽다. 주로 담수의 영향을 받는 지역에 많다. 서해안 항구 안의 암벽, 내만 지역, 강의 하구에 멀지 않은 조간대에서 흔히 볼 수 있다.

고랑따개비

세로줄따개비 : 서해안에서 쉽게 볼 수 있는 종 중의 하나이다. 패각은 일반적으로 원추형이나 원통형이며, 연한 자주색 또는 회색을 띠고 표면이 매끄럽다. 각판의 표면에는 세로로 자주색의 줄이 나 있는데, 줄의 간격이 위쪽은 좁고 아래쪽으로 갈수록 넓어진다. 담수의 영향을 받는 하구에 많다.

큰구슬우렁이의 패각에 부착하고 있는 세로줄따개비

돌에 부착해 있는 줄따개비

줄따개비 : 얕은 수심의 조간대 하부에 부착하여 산다. 패각은 낮은 원추형이고 표면이 매끄럽다. 패각의 바탕색은 흰색 또는 회색이며, 붉은 빛이 도는 자주색의 줄무늬가 가로와 세로로 10개 이상씩 나 있다. 염분 농도가 낮은 곳에는 없다.

자주별따개비 : 패각은 원추형이고 각구는 둥글고 작다. 패각의 외면은 대체로 매끄러우며, 자주색 또는 적자색을 띤다.

빨강따개비 : 조간대 바위보다는 부유 물체에 주로 부착하는데, 바다에 장기간 띄워 놓는 부표에 쉽게 부착한다. 부표 중에서도 표면이 매끄러운 것에 잘 부착한다. 이 종은 패각이 크고, 각표가 매끄러우며 가로로 미세한 줄이 있다. 주로 분홍색이며 간혹 흰색도 있다.

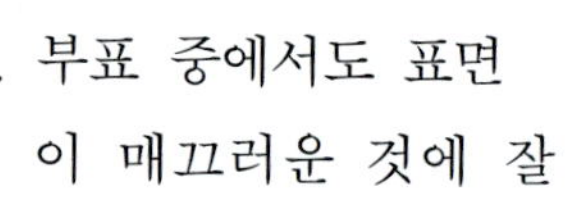
황색 비닐로 둘러싸여 부표에 부착해 있는 빨강따개비

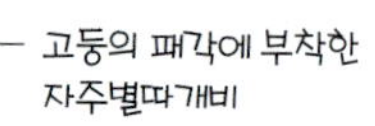
고둥의 패각에 부착한 자주별따개비

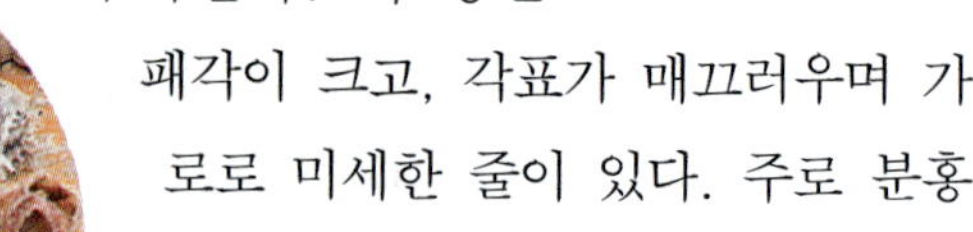

게류 : 머리가슴과 배로 구분되는데 머리가슴은 머리와 가슴이 합쳐진 것이다. 머리가슴은 등면의 갑각(게딱지)과 배면의 배갑으로 덮여 있다. 머리가슴에 붙어

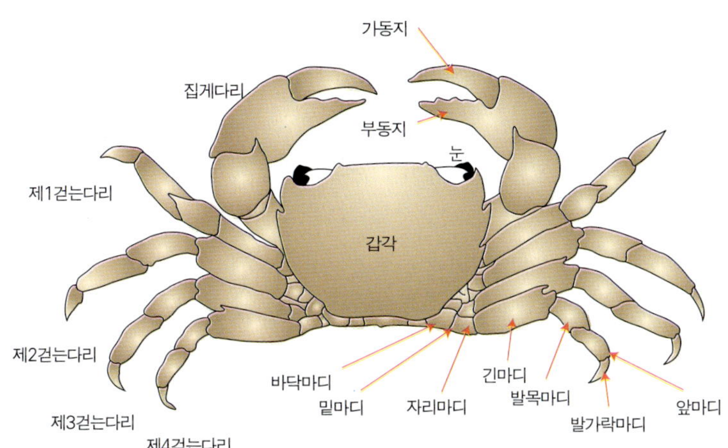

게의 부위별 명칭(김, 1973)
집게 역할을 하는 가동지는 움직이고 부동지는 움직이지 못하지만 서로 협력하여 사람의 손가락과 같은 역할을 한다. 가슴다리의 밑마디와 자리마디 사이는 쉽게 끊어지는 특성이 있어 위험에 처했을 때 가슴다리를 끊고 도망친다.

붉은발농게 암컷의 배
포란을 해야 하므로 암컷의 배는 수컷보다 범위가 넓게 발달한다.

수컷의 배

있는 5쌍의 다리 중 큰 가위 모양의 맨 앞 1쌍은 집게다리로 포식용이나 방어용으로 사용하며, 나머지 4쌍은 걷는다리로 옆으로 기어다닐 때 사용한다. 일반적으로 집게다리는 수컷이 암컷의 집게다리보다 크고 억세게 생겼다.

게의 배는 축소되었고 근육도 퇴화되어 있다. 복부의 형태를 보고 암수를 구분하는데 암컷은 반원에 가까운 모양이고,

수컷은 삼각형이나 피라미드, 종 모양이다.

짧은 더듬이가 2쌍 있으며, 자루가 있는 두 눈은 몸 앞 가장자리에 있는 두 눈구멍 속에 접어 넣을 수 있다. 잡식성이며, 알은 모체의 복부에 부착시켜 발생을 진행한다. 노플리우스 시기는 알 속에서 경과하고, 조에아기로서 부화하며, 조에아기에 몇 번 탈피하여 메갈로파로 되고 다시 변태하여 성체로 된다. 게류는 대부분 바다에 살지만 참게와 같이 민물에 사는 것도 있다. 바다에서는 수심, 수온, 기질의 성질 등 환경 조건에 따라 서로 다른 종들이 살고 있으며, 생활 방식도 가지각색이다. 대부분의 게는 바닥을 기어다니지만 꽃게와 같이 헤엄치는 것도 있다. 갯벌에는 칠게처럼 구멍을 파고 사는 것들이 많다.

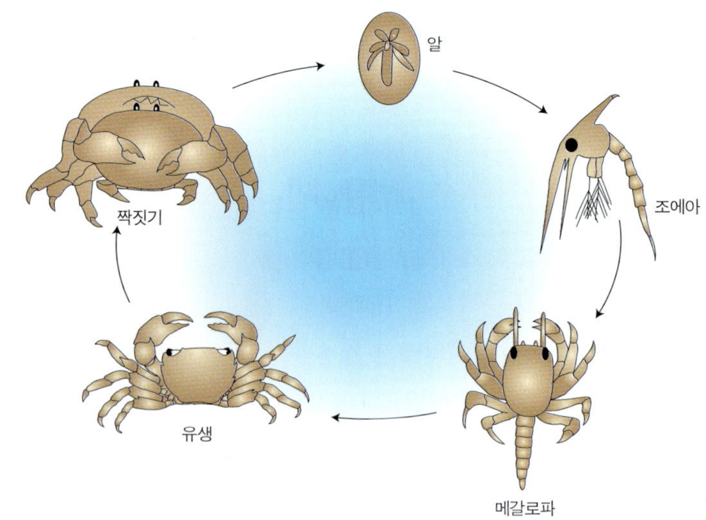

게의 생활사(윤과 홍, 1998의 일부 변경)

짝짓기를 하면 수정란은 어미의 복지에 붙어 있다가 방출되어 수정된다. 그 후 동물성 플랑크톤 형태인 조에아 시기를 거쳐 메갈로파 유생이 된다. 여러 번의 탈피를 거쳐 어린 게가 되고 더 성숙하여 성체가 되는 복잡한 생활사를 거친다.

바위게 : 물이 맑은 해변의 바위 지대에 산다. 사람이 가까이 가면 재빨리 바위 틈으로 들어가 버리거나 물 속으로 떨어진

다. 갑각의 모양은 뒷부분이 약간 좁은 사각형이다. 등면 중앙의 좌우에는 넓고 깊은 세로 홈이 있고, 비스듬히 또는 가로로 많은 융기선이 있다. 눈자루는 굵고 짧으며, 눈뒷니는 삼각뿔 모양이며 뾰족하다.

바위 위의 바위게 - 남해 미조리

무늬발게 : 바위 틈이나 자갈밭에 주로 산다. 갑각의 등면은 녹갈색을 띤다. 갑각의 등면에는 털이 없고 매끈하며, 약간 오목하고 밝은 빛을 나타내는 적자색의 점무늬들이 아치 모양으로 배열되어 있다. 갑각의 앞부분과 집게다리 표면에도 붉은 자주색의 점무늬가 많다.

탈피한 지 얼마 되지 않은 무늬발게
갑각을 만지면 말랑말랑하며 갑각의 등면에 붉은자주색의 점무늬가 많다.

바위 틈에 숨어 있는 무늬발게의 앞면

무늬발게 등면

풀게 : 우리 나라 조간대 바위 지역이나 자갈 지대의 해변에서 가장 흔히 볼 수 있는 게이다. 갑각의 모양은 뒷부분이 약

① 바위 밑에 몸을 숨기고 있는 풀게
② 자갈밭의 주변 모습과 비슷한 풀게

간 좁은 사각형이다. 외형이 무늬발게와 비슷하지만 등면의 색깔 변이가 매우 심하다. 즉 바닥의 자갈이나 조개껍데기의 빛깔과 비슷한 보호색을 띠는 경우가 어린 개체에서 많이 나타난다.

풀게의 등면

사각게 등면 - 여자만

사각게 : 조간대 상부의 바위 지대에 살며, 사람이 접근하면 재빨리 돌 밑이나 바위 틈으로 들어가 숨어 버린다. 전체적으로 사각형 모양이며, 갑각의 양옆가장자리는 평행을 이룬다. 갑각의 등면은 볼록하고 옆 부분에는 10줄 내외의 가로줄이 있다. 양쪽 집게다리는 크고, 가동지 윗면에는 10개 이상의 사마귀 모양의 돌기들이 배열되어 있다. 주변 바위 색과 비슷하다.

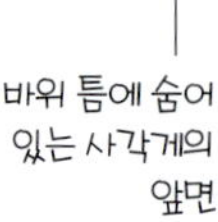

바위 틈에 숨어 있는 사각게의 앞면

가시투성어리게 : 조간대 바위 밑이나 큰돌 밑 또는 자갈 밑에서 산다. 갑각의 윤곽은 삼각형에 가깝고 등껍질 표면에 많은 돌기가 나 있으며 가장자리에 가시들이 있다. 갑각과 다리들은 편평하고 표면은 뾰족한 혹과 짧은 털로 덮여 있다. 이마는 삼각형이며 뾰족하다. 갑각 등면의 색은 암갈색이고 배면은 적갈색이다.

암반 위에 있는 가시투성어리게 등면 - 태안 모항

등각류 : 조간대에서 저서생활을 하는 갑각류 중에서 가장 다양화된 군집이지만, 두흉갑을 갖지 않고 등배로 이루어진 납작한 몸체를 유지하고 있다. 가장 흔히 볼 수 있는 종들은 갯강구, 모래무지벌레, 주걱벌레류 등이 있다.

갯강구

갯강구 : 우리 나라 바위 해안 전역에서 관찰할 수 있다. 행동이 매우 민첩하며 건조한 곳에서 군집을 이루고 움직이는 것을 자주 볼 수 있다. 크기는 보통 10~20mm 정도이다. 좌우가 같은 납작한 형태를 가지며, 머리 쪽에 긴 촉수를 한 쌍 가진다. 머리에 큰 눈이 있고 7개의 가슴마디는 크고 6개의 배마디는 작다. 육상에 사는 쥐며느리와 비슷하며, 육상 생활에 적응하여

조간대 암반에서 먹이 활동 중인 갯강구 무리

주걱벌레류의 등면

주걱벌레류의 배면

여러 가지 패류 사이에 무리를 이루고 있는 모래무지벌레류

살고 있다. 주로 바위 위의 부패한 음식을 먹는 청소부의 역할을 한다.

모래무지벌레류 · 주걱벌레류 : 해수가 맑은 암반 조간대의 크고 작은 돌을 들추면 관찰할 수 있는 경우가 많다.

연체동물

몸에 뼈가 없어 부드러우며, 온 몸에 마디가 없고 근육이 풍부하다. 몸은 머리, 발, 내장, 외투막의 네 부분으로 이루어진다. 외투막에서 분비하는 탄산칼슘($CaCo_3$)이 주성분인, 흔히 조가비라고 하는 **패각**으로 연체부를 보호한다. 연체동물은 패각의 수와 발의 모양에 따라 이매패류, 다판류, 굴족류, 복족류, 두족류 등으로 분류된다.

이매패류 : 굴, 진주담치, 가리비, 대합 등 2매의 패각을 가지고 있어서 붙여진 이름으로 **쌍각류**라고도 한다. 대개 패각을 여닫기 위해 몸의 전후에 패각근이 한 쌍 있으며 양각은 등 쪽에서 교치와 인대로 연결되어 연체부를 싸고 있다. 커다란 도끼 모양의 근육질의 발로 이동하며 일반적으로 입수관과 출수관이 있어서 물의 순환으로 먹이를 섭취한다.

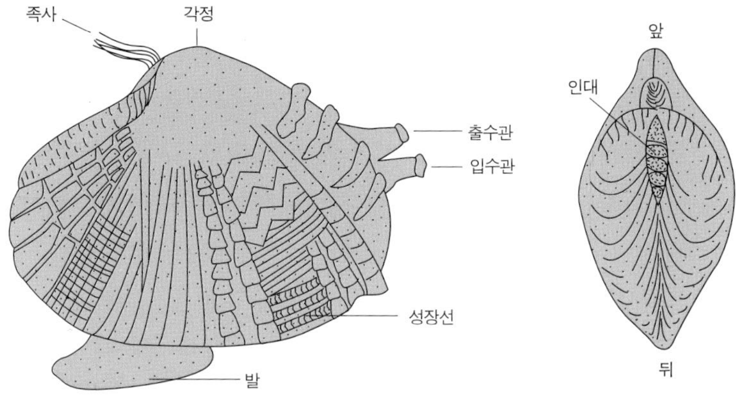

이매패류 외부 명칭(부산광역시립 세계해양생물전시관 도록 - 패류, 1988)
여러 종의 이미패류 특징을 종합적으로 나타낸 것이다.

인 대 : 이매패의 좌우 패각을 이어주는 띠 부분
입수관 : 물 속의 유기물과 함께 물을 빨아들이는 기관
출수관 : 몸에 들어온 물을 밖으로 내보내는 기관
족 사 : 자신의 몸을 바위나 나무 등에 붙이는 실같은 모양의 기관
각 정 : 껍질(패각)의 제일 끝 부분
성장선 : 이미패류의 나이를 짐작할 수 있는 가로선

이매패류는 구조와 형태의 변화가 다양한데, 이것은 여러 환경에 적응, 진화하고 있음을 나타낸 것이다. 패각의 모양을 살펴보면 온대지방 나무의 나이테처럼 패각의 표면에 **성장선**을 갖는다. 패각은 성장하면서 크기가 달라지는데 칼슘 분비량의 차이로 겨울철이나 알을 낳는 시기는 패각이 느리게 성장하여 성장선의 간격이 좁다. 동죽의 패각을 자세히 보면 가로로 갈색의 성장선이 나 있는 것을 볼 수 있다. 그 중 **성장선**의 간격이 좁은 곳은 주로 겨울철에 생긴 것으로 이들의 수로 조개의 나이를 짐작할 수 있다.

또한 패각의 형태나 구조로 그들의 서식 장소를 어느 정도 알 수 있다. 잠입형은 바지락, 대합 등 섬세하고 날씬한 패각

을 가진 조개로 물의 순환과 먹이 섭취에 사용되는 **입수공**과 **출수공**이 길게 발달되어 있다. 굴과 담치 등은 패각이나 족사로 바위, 돌, 나무 등에 부착하여 사는 부착형이다. 천공형의 돌조개류 등은 나무나 암석에 구멍을 뚫고 서식한다. 이매패류 중에서 가장 운동성이 큰 가리비류는 유영형이다. 분사기관과 반동기관을 이용하여 짧은 거리를 헤엄칠 수 있다.

돌조개 : 연한 바위 틈이나 나무에 구멍을 뚫고 들어가서 살며, 틈새의 모양에 따라 패각이 구부러져 있다. 패각 표면은 각정 주변부를 제외하고 패각 전면에 굵은 세로줄이 있다. 줄 주변에는 두꺼운 털로 덮여 있다. 주로 바닷물이 맑은 바위 해안에서 관찰된다. 이들은 패각을 돌리거나 열고 닫음으로써 구멍을 뚫는데 어떤 종류는 산성 점액을 분비하여 구멍이 쉽게 뚫리도록 한다.

바위 속에 구멍을 뚫고 사는 돌조개

비단가리비 : 우리 나라의 전연안에 분포하며, 수심 5~20m의 바위 지대나 자갈 바닥에 족사로 부착하여 서식한다. 패각은 그다지 부풀지 않았으며, 껍질의 색은 짙은 자홍색 또는 갈색 등 변이가 많고 바탕에 많은 백색 반점이 섞여 있어 아름답다. 패각의 표면에는 가는 세로줄(방사륵)이 많다.

암반 지대의 큰돌 밑에 부착해 생활하며, 주변 환경과 비슷한 색채를 띠고 있는 비단가리비

패각이 파도에 떠내려가지 않도록 족사로 부착하고 있는 비단가리비

굴 : 전국 해안, 특히 서해안의 염분도가 낮은 바위 해안에 산다. 패각 모양이 원추형 또는 가지 모양 등으로 불규칙하고 변화가 심하다. 환경에 따라 패각의 모양이 판이하게 달라지는데 상부에 사는 것은 원추형으로 보이나 물살이 센 곳 또는 내만의 진흙에 사는 것은 가지 모양으로 길어진다. 껍질 표면의 성장선은 비닐 모양으로 거칠고, 황백색으로 자색의 줄무늬를 이룬다. 한쪽 껍데기는 바위에 붙는다. 개체의 영양 상태에 따라서 성이 수컷으로 바뀐다. 우리 몸에 필요한 영양소가 많이 포함되어 있다. 물 속의 플랑크톤과 같은 유기물을 걸러서 먹이를 취한다.

물살이 센 곳에서 원추형의 모습을 드러낸 굴

진흙 속의 바위나 물살이 약한 곳에 사는 굴

남해의 굴 양식 장면

참굴류

가시굴 : 바위에 부착하여 살며 식용한다. 껍질 모양은 불규칙하고 변이가 심하다. 껍질 표면에 날카로운 반원 모양의 가시같은 짙은 갈색의 돌기가 이어져 나 있는 것이 일반 굴과의 차이점이다. 이름 그대로 껍질 표면에 흑자색의 대롱처럼 생긴 가시 모양의 패각이 불쑥 솟아 있다. 내면은 백색을 띠며 인대 양쪽 부분에 주름이 있다. 패각 안쪽 외투막에 조그만 게(속살이게)가 들어 있을 때가 많다.

바위에 붙어 있는 가시굴

토굴 : 담수의 영향을 받는 하구 근처나 내만의 바위에 많이 부착되어 있으며, 서해와 남해의 수심 5~20m의 작은 돌에 부착하여 산다. 껍질 표면에 가는 비늘 모양의 돌기 또는 노송나무 껍질과 같은 성장선이 있으며 건조하면 쉽게 떨어진다. 좌우 폐각의 모양이 동일하지 않고 전체 모양도 다르며 불규칙하다.

그물에 걸려 올라온 토굴 표면에 미더덕이 붙어 있는 모습 -인천 장봉도

종밋 : 바위나 나무 등에 족사로 부착하여 생활한다. 패각은 반투명하며 얇고 잘 부서진다. 표면은 담황녹색이고, 내면은 연한 진주 광택이 난다. 군집을 이루어 빽빽이 붙어 있기 때문에 종밋 군집 밑에는 공기가 통하지 않아 산소 부족으로 다른 생물은 살 수가 없다. 따라서 이 종이 대량으로 번식하면 다른 생물에게 미치는 피해가 크다.

종밋의 패각

① 나무에 부착하여 사는 종밋의 무리
② 족사를 이용하여 빽빽이 붙어서 무리를 이루고 있는 종밋

다랑어를 **참치**, 우렁쉥이를 **멍게**라 하는 것처럼 해양생물의 일부 종명은 방언이 표준어보다 많이 쓰여, 방언이 표준어로 바뀌는 경우도 종종 있다. 담치류도 흔히 **홍합**이라고 한다.

참담치 : 거의 삼각형으로 담흑색의 광택 있는 껍질로 이루어져 있다. 표면에는 가로로 선이 있고 흑갈색의 광택이 난다. 바위, 돌, 목재 등에 족사로 부착하며, 조간대에서 수심 20m까지 난류의 영향을 받는 조류가 빠른 외양성 암반 지대에 많이 산다. 군집을 형성하는 경우가 많고 족사에 의해 암반에 부착하며, 부족 부근에 있는 샘으로부터 '폴리페놀릭'이라는 접합 단백질을 분비하여 물 속의 바위에 붙어산다. 족사는 해수에 닿으면 단단해져서 패각을 고착시킨다. 패각에서 돌출된 대형의 수관이 없는 대신에 후단부에 작은 주름이 있고 이것으로 여과 서식을 위한 입수와 출수를 한다.

진주담치 : 참담치와 비슷하지만 패각의 내부가 자줏빛이다. 식용으로 가치가 높고, 성전환을 하는 것으로 알려져 있는데 비교적 암컷이 수컷보다 크다. 부영화된 내만에 많고 굴 양식장에 부착하여 해적생물로 취급되는 경우도 있다. 흔히 진주담치를 홍합이라고 부른다. 그러나 홍합은 한국전 당시 유럽

서해 서식종보다 크기가 훨씬 큰 남해 암반 조간대 담치류

의 국가들이 군함 바닥에 붙여 들여온 진주담치와는 엄연히 다른 종이다. 진주담치의 껍데기에는 매끈한 반면, 홍합의 껍데기에는 다른 조개류가 붙어사는 등 불순물이 많고 각정부가 매부리코처럼 꼬부라진 점이 다르다. 홍합은 중금속에 대한 내성이 매우 높고 납에 대한 제독 기능을 가지고 있어서 소화선 내에 대량의 납을 저장할 수 있다. 우리 나라에 사는 진주담치는 목포를 중심으로 하는 서 · 남해안, 참담치는 남해안, 동해담치는 한류성이어서 동해 북쪽 지역에 주로 산다. 그밖에 표면이 황갈색으로 뚜렷이 구분되는 뿔담치, 표면에 털이 붙어 있는 털담치, 굵은줄격판담치, 격판담치, 비단담치 등이 있다.

서해 암반 조간대 담치류

피뿔고둥, 전복, 삿갓조개, 대수리 등 배에 발이 있는 복족류는 연체동물 중 가장 종류가 많다. 옛날부터 사람들이 식용뿐만 아니라, 패각을 장식용이나 공예품의 원료로 많이 이용해 왔다. 몸은 머리, 발, 내장낭으로 구성되는데, 나선형의 석회질로 된 패각을 1개 가지고 있으며, 배의 발이 폭이 넓은 근육질로 수축하면서 이동하여 복족류(고둥류)라 한다. 시계방향으로 꼬인 패각을 오른 꼬임, 그 반대를 왼꼬임이라고 하는데 주로 오른 꼬임이 많다. 패각의 형태로 생태를 추정할 수 있는데, 여러 가지 돌기와 둥근 알뿌리 모양의 큰 패각을 가지고 있는 것은 주로 기질의 표면에 서식하고, 높고 뾰족한 나선 모양을 한 것은 기질 속에 잠입하는 형이다. 대부분은 초식성인데, 육식성은 치설로 다른 동물의 패각을 뚫고 속살을 먹는다. 거의 대부분의 복족류는 외부를 패각으로 보호하고 있다. 이 패각은 나선 모양의 층으로 되어 있다.

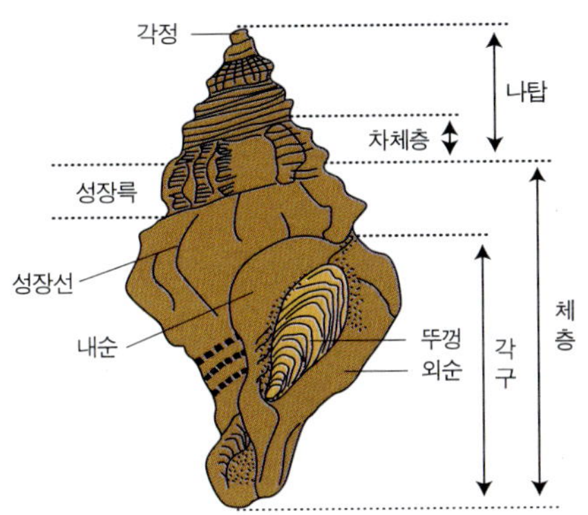

복족류의 외부 명칭(OKUTANI, 1986에서 변형)

각 구 : 다른 동물의 입에 해당되는 부위,
각구 둘레를 입술이라 한다
각 정 : 패각의 제일 끝 부분
나 탑 : 각정에서 각구의 상단 부분까지의 부위
내 순 : 복족류에서 각구의 안쪽 입술 부위
외 순 : 각구 바깥쪽의 입술 부위
뚜 껑 : 복족류의 각구를 막아 내장을 보호하는 기능을 한다
성장선 : 패각의 표면에 남아 있는 미세한 선으로
성장에 따라 생긴 것
성장륵 : 성장에 따라 융기된 굵고 뚜렷한 선
체 층 : 패각에서 나탑을 제외한 아래층
차체층 : 체층의 바로 위층

뚜껑(덮개판)은 각질이나 석회질로 된 동그랗고 딱딱한 물질이다. 뚜껑의 무늬는 여러 가지 모양이며 원을 그리는 중심을 핵이라 한다. 이 뚜껑은 폭이 넓은 발에 붙어 있고 패각 속으로 깔끔히 들어가서는 마개를 덮어 외부의 공격으로부터 자신을 보호하려는 역할을 한다. 위험을 느꼈을 때 머리에서 발의 순으로 패각 속으로 몸을 움츠리고 들어가 최후에 뚜껑을 닫는다. 이 뚜껑이 소라과의 종들은 두껍고 볼록하지만 대부분은 얇고 편평하여 핵을 중심으로 다양한 나선형 무늬를 이룬다.

긴 수관은 호흡을 위해 아가미로 물을 보내는 데 사용한다. 눈은 명암과 운동 감각의 기능이 있다.

갈고둥 : 바위나 자갈 바닥에 산다. 패각은 둥글고 부푼 반구형이며 껍질은 두껍고 단단하다. 패각의 표면이 어린 개체

다른 고둥류보다 외순이 두툼한 갈고둥

갈고둥

는 매끈하고 윤이 나지만 성체는 거칠고 닳아 있는 것이 많다. 표면 무늬는 검은색 바탕에 황백색의 삼각형 무늬가 흩어져 있거나 등황색과 검은색의 불규칙한 얼룩무늬를 나타내는 등 변화가 많다. 뚜껑 쪽의 패각 바깥쪽이 두껍고 단단한 것이 일반적인 고둥과 다른 특징이다.

눈알고둥 : 바위나 자갈 바닥에 산다. 낮은 원추형으로 단단하고 4~5층이다. 패각은 표면이 황갈색 또는 녹갈색으로 덮여 있다. 껍질 표면에 미세한 혹이 많고 백색 바탕에 암녹색을 띤다. 고둥의 뚜껑은 대개 각질인데 이 종은 석회질인 것이 특징이며, 바깥쪽으로 둥글게 부푼 반구형으로 사람 눈처럼 보인다. 서·남해안 바위 해안에서 흔히 볼 수 있다.

눈알고둥의 활동 모습

눈알고둥 패각

눈알고둥 뚜껑 쪽의 모습

대수리 : 바위 사이의 틈이나 굴 패각 사이에 밀집해서 산다. 대수리는 패각 입구의 바깥쪽에 세로로 검은 줄무늬가 있다. 표면의 돌기는 크게 돌출하지 않고 흑색을 띤다. 두드럭고둥과 비슷하다. 단단한 치설(혀이빨)을 이용하여 조개껍데기를 뚫어 다른 조개류를 잡아먹는 육식동물이다. 패류 양식장에 피해를 주는 종으로 알려져 있다. 하절기에 노란 알주머니를 바위에 부착시킨다. 식용하기도 하지만 맛이 좋지 않고 쓴맛이 나며, 설사를 하는 경우도 있다.

맵사리 : 바위나 자갈 밑에 많다. 껍질은 두껍고 단단하며 방추형을 이루고 있다. 패각의 색깔은 회청색부터 흰색까지 다양하며 변이가 심하다. 표면의 각 층에는 3줄의 강한 암갈색의 굵은 줄이 있다. 패각 입구의 안쪽은 보라색을 띤다. 뚜껑은 갈색으로 바깥쪽에 핵이 있다. 먹으면 복통을 유발하고 맛이 매운 데서 이름이 붙여졌다. 주로 모래질 조간대 암반에서 쉽게 관찰할 수 있지만 펄 갯벌의 암반에서는 흔하지 않다.

암반에 붙은 굴 사이에 무리를 이루고 있는 대수리

대수리의 알
물에 빨리 닿을 수 있도록 바위 아래쪽에 주로 알을 낳는다

대수리 뚜껑 쪽의 모습

맵사리 뚜껑 쪽의 모습

어둡고 습한 바위에 붙어 있는 맵사리

보말고둥

보말고둥 : 바위나 자갈에 산다. 패각은 두껍고 단단한 원추형이다. 쑥색 바탕에 체층과 차체층에는 흑색의 굴곡진 세로줄이 발달하였다. 암반에 붙어 있는 외형상의 모습이 눈알고둥이나 울타리고둥과 비슷하지만, 패각의 표면에 있는 무늬를 살펴보면 쉽게 구분할 수 있다.

빗살무늬무륵의 패각

빗살무늬무륵의 뚜껑 쪽 모습

빗살무늬무륵 : 바위 밑이나 자갈 바닥에 산다. 패각의 나탑은 높은 원추형이다. 패각의 표면은 매끈하고 광택이 나며 황색 또는 회색 바탕에 흑갈색의 세로줄 무늬가 다양한 모양을 나타내며 산재해 있다.

어깨뿔고둥 : 바위나 자갈 바닥에 산다. 패각의 껍질은 두껍고 단단하며, 색깔은 황백색이나 적갈색 등으로 다양하고 변이가 심하다. 뚜껑은 갈색이며 핵이 바깥쪽에 있다. 체층 표면에는 보통 5~8개 정도의 칼날처럼 날카로운 세로줄의 돌기가 있다.

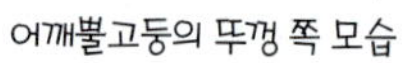
어깨뿔고둥의 뚜껑 쪽 모습

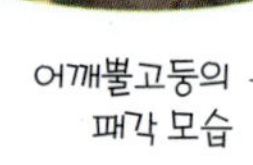
어깨뿔고둥의 패각 모습

개울타리고둥 : 바위나 자갈 바닥에 산다. 패각은 두껍고 단단하며 볼록한 원추형이다. 패각 표면은 굵고 네모난 혹이 마치 옛 성벽의 석축처럼 규칙적으로 열을 지어 둘러싸여 있는데, 짙은 녹색 바탕에 흑색, 황갈색, 황백색의 혹이 불규칙하게 섞여 있다. 입구의 내순 아래쪽에는 'ㄷ'자 모양의 홈이 뚜렷하게 나 있다. 전국의 바위 해안에서 흔히 볼 수 있다.

개울타리고둥

뚜껑 쪽의 내순 아래에 'ㄷ'자 모양이 뚜렷하다

울타리고둥 : 개울타리고둥과 사는 곳, 생김새가 거의 비슷한데, 패각의 표면이 짙은 녹색 바탕에 흑색, 황백색, 녹색 혹들이 불규칙하게 섞여 있고 주연의 두 줄이 황백색이며 작은 녹색 반점이 드물게 끼여 있는 점에서 쉽게 육안으로도 구분된다.

울타리고둥

총알고둥 : 조간대 상부의 바위 틈에 군집을 이루며, 초식성으로 바위에 붙어 있는 식물들을 먹고 산다. 패각은 두껍고 단단하며, 원추형으로 나층이 6층이다. 패각의 표면은 갈색이며, 개체에 따라 황백색 무늬를 갖는 개체도 많다. 패각 입구의 외곽은 직사각형, 내부 윤곽은 타원형이며 내면은 흑갈색이다. 건조에 매우 강하다.

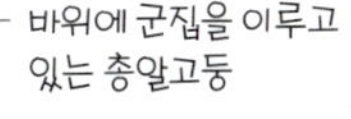
바위에 군집을 이루고 있는 총알고둥

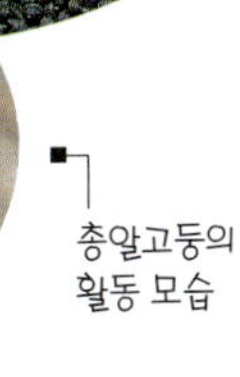
총알고둥의 활동 모습

습기가 많은 바위 밑에 군집을 이루고 있는 둥근얼룩총알고둥

둥근얼룩총알고둥 : 담수의 영향을 받는 해변가의 바위 밑이나 썩은 목재 등에 군집을 이루어 붙어산다. 패각은 갈색 바탕에 백색 반점이 산재해 있으며, 패각의 나선 방향으로 20여 줄 내외의 굵은 융기선이 나 있다. 나탑의 상층 부위는 녹색을 띠는 것도 많다. 패각의 껍질은 얇고 높은 원추형이며 둥글게 부풀어 있다. 총알고둥과는 다르게 습기가 많은 곳에 산다.

큰뱀고둥 : 마치 뱀이 또아리를 틀고 있는 모양으로 바위에 부착하여 산다. 패각의 바닥면은 반투명한 백색의 사기질로 되어 있고 평면을 이룬다. 패각의 표면은 분홍빛을 띠는 갈색이며, 각구로 갈수록 갈색이 짙어진다. 썰물 때 남해안의 바위 해안에서 주로 관찰할 수 있다.

바위에 개체 군집을 이루고 있는 큰뱀고둥들

바위 해안에 부착하여 살아가는 큰뱀고둥 -진도

둥근배무래기의 패각

둥근배무래기 : 바위에 무리지어 산다. 패각의 밑면이 둥근 타원형인 삿갓 모양이다. 원뿔의 꼭지점 모양인 각정을 중심으로 물결 모양의 얼룩 무늬가 동심원을 그리며 세로로 뻗은 줄과 교차한다. 패

각의 내면은 유백색이며, 입구의 가장자리는 황색과 갈색의 무늬가 교대로 배열되어 있다. 패각의 모양과 무늬에 변이가 많다.

애기배말 : 바위에 산다. 패각은 단단하며 원추형이다. 밑면은 타원형이고, 옆모습은 앞으로 약간 굽은 것같이 보인다. 각정에서 밑면 쪽으로 가는 세로줄이 있고, 가로로 성장선이 교차해 있다. 패각의 표면은 백색과 흑갈색의 무늬가 교대로 배열하여 얼룩무늬를 나타낸다.

둥근배무래기의 배면

애기배말

호롱애기배말

호롱애기배말 : 주로 서해안 낮은 조간대의 바위나 돌에 붙어 산다. 패각의 밑면은 둥근 타원형이다. 각정은 거의 중심부에 있고 높은 원추형이다. 패각의 표면은 석회질 표면이 노출되어 있고 회백색 무늬를 띤다.

흰삿갓조개 : 바위에 산다. 패각의 밑면은 타원형으로 각정이 약간 높은 삿갓 모양이다. 패각의 표면은 백색이나 담황색의 각피로 덮여 있으며, 각정으로부터 20줄 내외의 굵은 세로줄이 있다. 삿갓조개류는 바위 틈이나 움푹 들어가 눈에 잘 띄지 않는 곳에 살고 주로 야행성이다.

흰삿갓조개의 패각

흰삿갓조개의 배면

다판류(군부류) : 8매의 판으로 된 타원형의 패각판이 기왓장처럼 포개져 있고 주변은 육대(패각 둘레의 몸체)로 이루어져 있다. 눈이나 촉각이 없고 빛에 노출되는 것을 싫어하여 밤에 주로 활동한다. 조간대 바위 위를 천천히 기어다니며 입 속의 치설로 바위 표면의 해조류를 갉아먹는다. 치설은 음식을 씹는 유연성이 있는 혀 모양의 톱으로, 여과 물을 걸러 먹는 이매패를 제외하고 대부분 연체동물들이 음식을 먹는 도구로 사용한다. 치설로 먹이 표면을 가볍게 접촉하거나 갉기도 하고, 핥거나 육질을 자르기도 하며 패각에 구멍을 내거나 먹이를 찌르기도 한다. 사람의 치아와 같은 역할을 한다.

바위 해안에 서식하는 군부 무리

제주도 및 일부 지방에서는 식용한다. 이 종은 털군부, 비단군부 등과 같이 외형상 특징을 나타내는 종을 제외하고는 8장의 패각을 분리하거나 육대의 무늬를 확인해야 종을 정확히 구분할 수 있다. 일반적으로 남해안에 사는 종은 서해안의 것보다 크다.

군부 : 패각의 양쪽이 둥그스름하고 육대에는 흰 띠가 있으며, 막대 모양의 짧고 작은 가시가 조밀하게 나 있다.

바위 해안에 사는 군부

펄로 육대가 뒤덮인 군부

털군부 : 바위나 자갈이 많은 곳에 살며 흔히 볼 수 있는 종이다. 껍질은 작고 좁으며, 넓은 육대에는 18묶음의 바늘 모양의 뾰족한 털이 있다. 이들 군부는 바위에서 떼어내면 곧 배를 오므리고 몸 전체를 동그랗게 말아 버린다. 육대는 보통 표면이 녹색을 띠는데 갯벌의 흙물에 덮여 있는 경우가 많아 뿌옇다. 주로 암반에 붙어 있는 굴 사이에 많다.

바위에 붙어 있는 털군부

그밖에 껍질의 색이나 무늬는 개체마다 변이가 심하고 패각의 폭이 넓으며 육대가 좁은 연두군부, 각판이 견고하고 방사륵과 과립이 산재해 있는 줄군부 등이 있다.

여러 가지 군부들의 모습

잠쟁이 : 바위나 자갈밭 또는 대형 패류의 껍질에 붙어산다. 패각은 대체로 둥근 모양이나 불규칙하며, 얇아서 잘 부서진다. 오른쪽 각정의 구멍으로 족사를 내어 부착한다.

암반에 붙어 있는 잠쟁이

극피동물

표피에 석회질의 가시가 돋아 있는 동물의 껍질을 극피라 한다. 등 쪽과 배 쪽으로 나누어지며, 대부분 바위나 연한 바닥 또는 모래 속에 구멍을 파고 산다. 극피동물의 몸 표면은 석회질의 극(가시모양)과 골판으로 덮여 있다.

극피동물은 부드럽고 연한 관으로 물이 드나들어 몸을 이동시키며, 섭식, 호흡과 감각 작용을 하는 관족이 있다. 불가사리의 관족은 이동하는 데 쓰이고, 흡반같은 관족을 가진 불가사리는 굴이나 담치의 깍지를 계속 당기는 데 사용한다. 해삼류의 입 주위에 있는 촉수는 관족이 변하여 된 것으로 먹이를 잡거나 흙을 파는 데 쓰인다. 성게류의 관족은 호흡과 감각 기능을 가졌다. 이러한 관족의 내부는 수관계와 연결되어 있으며 극피동물 특유의 기관이다. 수관계는 해수의 출입을 조절하는 기관으로 관족 속으로 물을 넣어 관족을 움직인다.

썰물 때에 모습을 드러내는 아무르 불가사리 -학암포

극피동물은 다양한 모양과 크기로 적색, 오렌지색, 녹색, 보라색 등 여러 색을 띠며, 세계의 모든 바다에서 발견된다.

불가사리류의 몸은 편평한 오각형의 별 모양이고, 중앙에 내부 기관을 갖고 있는 '중앙반' 이라는 원판 같은 1개의 중앙선을 중심으로, 방사상으로 된 5개 또는 그 이상의 **완**(팔)이 방사대칭 구조를 이루고 있다. 몸 구조는 등 쪽(상면)과 배 쪽(하면)으로 나뉘는데, 입이 있는 아래쪽을 배 쪽(구측), 반대쪽을 등 쪽(반구측)이라 한다. 등 쪽에는 불가사리 특유의 가시가 나 있어서 울퉁불퉁하다. 이 가시들은 외피로 덮여져 있는 외골격의 일부이다. 배 쪽은 팔 전체로 홈을 이루며 뻗어나가고 있는 **보대구**라는 홈이 있고 그 안에 많은 관족이 있다. 수관계 역시 중앙에서 각각의 팔로 뻗어나가는 형태로 되어 있다.

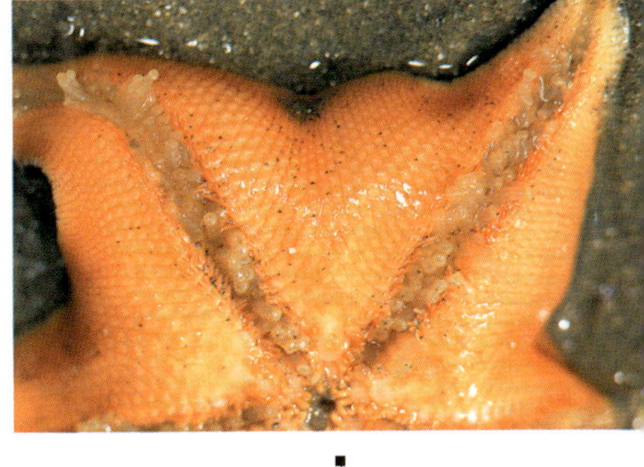

불가사리 배 쪽의 관족과 보대구

흔히 보는 불가사리는 대부분 5개의 완이 있으나 삼천발이류나 거미불가사리류 등은 수십 개 또는 그 이상의 완을 가지고 있다.

불가사리류는 모래 진흙 속을 파고 들어가거나 암초 위에서 생활하며 이동성이 있다. 특히 불가사리는 조개나 굴을 잡아먹는 육식동물로 양식업에 큰 피해를 주는 '해적생물' 로 알려져 있다. 이매패류의 무서운 포식자이며, 양식 패류에 피해를 끼치는 대표적인 종은 아무르불가사리, 별불가사리, 검은띠불가사리 등이다. 거미불가사리류는 부유성 생물이나 바다 밑바닥의 작은 생물을 잡아먹는다. 암초 지대의 돌 밑, 진흙이나 모래 밑바닥에 살고 있는 종으로 내만과 외양의 모래, 진흙 바닥에도 분포한다.

별불가사리 : 우리 나라 각지의 모래 해안이나 암반 지대에

넓게 분포한다. 다른 불가사리들의 완(팔)은 보통 길게 뻗어 나와 있어 확실한 별 모양을 이루는 데 비하여 별불가사리의 팔은 반에서 약간 돌출되어 있을 뿐이다. 돌출한 팔들은 그 사이 사이가 오목하게 들어가 있어 구분할 수 있다. 전체적으로 완만한 오각형의 별 모양을 하고 있다. 등 쪽에는 푸른 빛이 도는 검은색 바탕에 붉은 빛 무늬가 이리저리 흩어져 있다. 배 쪽은 약간 붉은 기운이 도는 황색을 띤다. 암수딴몸이며 6~7월경에 산란한다. 연안의 패류나 연안동물을 잡아먹어서 양식업에 피해를 준다.

별불가사리의 등면으로 보라색과 주황색

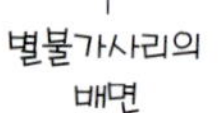

별불가사리의 배면

아무르불가사리 : 차가운 바다에서 서식하는 한류성 동물이다. 비교적 바닷물이 맑은 바위 해안이나 모래 해안의 돌 밑에서 관찰된다. 겨울철에는 서해 태안반도 암반에서 썰물 때에 많이 관찰할 수 있다. 5개의 팔이 뻗어 나오는 중앙의 몸통 부위를 반(盤)이라고 하는데, 반의 중심부는 조금 부풀어 있고 주변의 배 부분은 평평하다. 등 쪽은 연한 황백색의 바탕에 불규칙한 보랏빛 무늬를 띠고 있으며, 배 쪽은 무늬 없이 연한 황백색이다. 등 쪽은 짧은 가시로 덮여 있다. 반에 연결된 팔의 살가죽은 폭이 넓고 팔의 끝으로 갈수록 가늘어져 별 모양을 하고 있다. 체강 내에 가스를 채워 부유하면서 조류에 의해 대이동을 하는 것으로 알

바위 바로 밑 모래사장에서 썰물 때 모습을 드러낸 아무르불가사리

영하의 날씨에 수축되어 있는 듯한 바위 위의 아무르불가사리

려져 있다. 산란은 6월경에 한다. 조개나 굴 등의 이매패류를 잡아먹고 살기 때문에 양식장에 피해를 준다.

바위 틈에 있는 아펠불가사리

아펠불가사리 : 우리 나라 동해와 남해의 바위 해안에서 주로 볼 수 있다. 서해는 태안반도 등에서 관찰된다. 팔은 몸통 부위와 연결되는 부분이 잘록하며 보통 5개이고, 반은 작다. 배면(등 쪽)에는 홍자색 바탕에 흰색의 가시 모양 돌기들이 무수히 많다. 팔 끝에서 반까지 이어지는 황색의 줄무늬가 뚜렷하다. 불가사리는 팔이 잘려도 다시 재생된다.

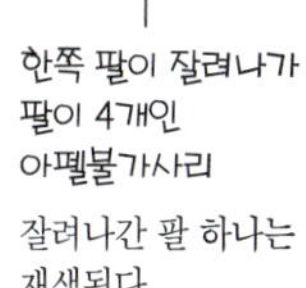

한쪽 팔이 잘려나가 팔이 4개인 아펠불가사리
잘려나간 팔 하나는 재생된다.

거미불가사리류는 방사상의 5개의 긴 완으로 되어 있으며 비교적 작은 반을 가지고 있고, 다른 불가사리류와 달리 반과 완의 구별이 뚜렷하다. 내부 기관은 보통 반 속에만 들어 있다. 입은 반의 아래쪽 중앙에 있고, 관족은 보대의 홈 속에 있지 않다.

짧은가시거미불가사리 : 바위나 돌 밑에 산다. 완은 점차 가늘어지며, 길이는 반의 지름의 8배 정도이다. 5개의 완 전체는 보통 끝이 3개 정도로 갈라져 있는 가시 모양의 극으로 덮여 있다. 전체적으로 녹갈색을 띠며 반에는 중앙을 중심으로 검은색의 무늬가 있다.

돌을 뒤집어 관찰한 짧은가시거미불가사리

성게류는 몸 표면을 덮고 있는 극과 내장을 담고 있는 반구형의 껍데기로 이루어졌다. 극은 극피동물 중 성게가 가장 잘 발달되어 있다. 몸 밖에 나와 있는 관족은 모든 극피동물의 공통점이지만 성게류의 경우는 보대구가 닫혀 있어서 껍데기의 구멍에서 나온다. 먹이는 종에 따라 다르지만 주로 해조류를 먹거나 적은 양의 동물을 먹기도 한다. 성게의 가시에 찔리면 그 부위가 부어오르고 오랫동안 통증을 느끼거나 숨이 막힐 정도로 아픈 종들이 있다.

하드윅분지성게 : 조간대 바위 밑 자갈 지대와 펄모래 갯벌에서 관찰된다. 전체적으로 반구의 모양으로 연한 분홍색을 나타낸다. 기부(몸통)에는 연한 흑갈색의 방사띠가 있으나, 극에는 띠가 없다.

하드윅분지성게의 등면

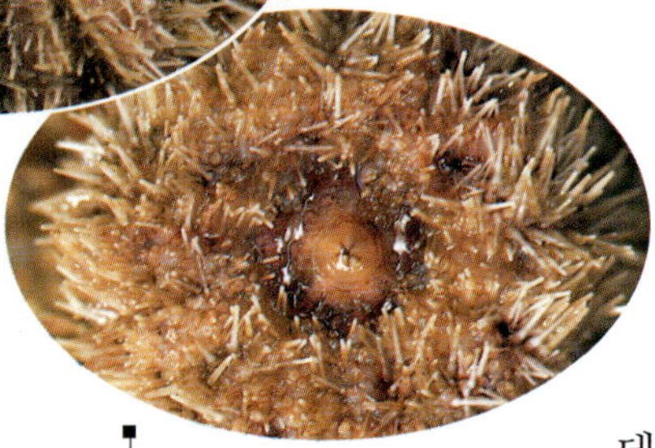

하드윅분지성게의 배면

해삼류는 길쭉하고 몸의 앞 끝에 입, 뒤끝에 항문이 있다. 보통 외관상으로 좌우대칭이며 내부적으로는 방사대칭을 나타낸다. 보통 입으로 움직이는데 관족과 몸의 수축, 이완에 의해서 운동이 이루어지는데 보통 느리게 움직인다. 해삼류는 여름잠을 자는데 돌기해삼의 경우 7월 산란 후 수온이 올라가면 어두운 곳으로 들어가 활동하지 않고 지내다가 수온이 내려가면 다시 활동을 시작한다. 기계적 자극, 화학적 자극, 물의 부패, 산소 결핍 등과 같은 환경에서는 몸의 일부분을 끊어내는 자절로 내장을 방출한 후 내장이 재생되는 몇 주일 간은 먹이를 먹지 않는다. 극피동물은 체외 세포층에서 해수 속에 녹아 있는 유기물로부터 중요한 영양물을 얻는다.

척색동물

미더덕 : 몸은 곤봉 모양으로 가늘고 긴 몸에 자루가 있으며 그 끝으로 바위에 붙어 산다. 외피는 가죽 모양으로 섬유질 같은 물질로 되어 있고 딱딱하다. 위쪽은 볼록볼록하고 자루 부분에 세로로 여러 줄의 홈이 있다. 몸의 색깔은 서식지에 따라 다르지만, 보통 황갈색에서 회갈색 또는 등황색을 띤다. 입수공과 출수공은 몸의 앞쪽 끝에 열려 있는데 출수공은 몸의 앞쪽을 향해 있고 입수공은 배 쪽으로 굽어져 있다. 암수한몸이고 난소가 가늘고 길며 평행으로 배열되어 있다. 우리 나라 모든 연안에 서식하며 패류 양식장과 배 밑에 부착하여 피해를 주기도 한다. 살은 날로 먹기도 하고 된장찌개에 넣어 먹기도 한다. 특히 마산 지방의 미더덕 찜은 향토음식으로 유명하다. 바다에서 나는 더덕 같이 생겼다고 하여 미더덕이라는 이름이 붙여졌다.

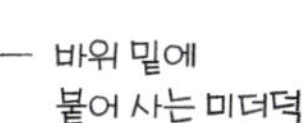
바위 밑에 붙어 사는 미더덕

저서식물상

우리 나라는 3면이 바다로 비교적 많은 해조들이 분포하고 있으며, 조상 때부터 해조들을 식용으로 하고 있었을 뿐만 아니라 오늘날 여러 종류가 양식으로 생산되고 있다. 그러나 해조들이 생활하고 있는 바다라는 특수한 환경과 해조들의 생활이 매우 다양하기 때문에 육상식물에 비하여 아직 모르는 점이 매우 많다.

먼저 해조들의 생활에 영향을 미치는 환경요인이 무엇인지 살펴본다.

광선의 강도는 위도에 따라 차이가 있다. 광선이 직각에 가까운 각도에서 투사되는 열대 지방은 비스듬히 투사되는 고위도 지방보다는 더 깊은 곳까지 도달할 수 있다. 파장의 경우, 바다에 투사되는 광선은 먼저 장파장의 적색 부분이 얕은 곳에서 흡수되고, 단파장의 청색 부분일수록 깊은 곳까지 도달한다. 따라서 해조가 살고 있는 깊이에 따라 받는 광선의 질이 다르다. 주기별로 광선은 밤낮이나 계절에 따라서 달라진다. 특히 조간대에 살고 있는 해조들은 이 영향을 크게 받는다.

바닥은 암반, 자갈, 모래, 펄 등으로 나눌 수 있다. 암반에 여러 가지 해조들이 사는데, 둥근 돌은 구르기 때문에 해조가 잘 붙지 못하고 특히 자갈에는 해조들이 살 수가 없다. 모래에는 육상식물의 뿌리와 비슷한 부착기를 모래 속에 파묻고 사는 특별한 종류가 있다. 펄로 된 곳에서도 해조는 살지 못한다. 바위도 매우 매끈한 곳보다는 면이 거칠 거칠한 곳에 포자가 잘 붙는다.

온도는 하루 중 변하는 기온과 연중 변하는 기온 그리고 최고와 최저 수온의 지속 기간을 들 수 있다. 조간대에 살고 있는 해조들은 연변화 및 최고 · 최저 수온의 지속 기간의 영향을 받는다. 조간대에서 저조 때에 완전히 노출되어 일사열을 직접 받는 경우와 조간대의 조수웅덩이에 살고 있는 경우와는 차이가 있다. 조간대의 불등가사리 등은 햇빛에 건조되어 부러질 수 있는 정도가 되어도 살 수 있다.

조간대에 살고 있는 해조들은 강우에 의하여 저조 때에는 마치 담수 중에 담겨 있는 것과 같은 환경과 비슷해진다. 또 많은 강우로 해수의 비중이 평소보다 매우 낮아져 해조에 나쁜 영향을 주기도 하는데, 이와 같은 현상은 하구 부근에서 더 심하다.

파도는 센 곳과 조용한 만이 각기 다른 해조류 분포를 보인다. 파도 세기에 따라 포자 부착이 가능한 종류와 그렇지 못한 종류가 있다. 해류는 해조의 지리적 분포에 관련이 있고, 조차는 해조의 수직 분포에 관련이 있다. 조간대에 살고 있는 해조의 포자 방출은 조석의 주기와 깊은 관계를 가지는 것이 많다. 즉 포자 방출이 사리 때에 일어나든지, 또는 저조 때에 노출되었다가 고조 때에 해수에 잠기면 포자를 방출한다.

염분 농도는 해조의 삼투압 변화를 일으킨다. 파래류는 특히 염분 농도에 광염성을 띤다. 조간대의 해조들은 강우와 건조에 모두 적응하는 광염성이다.

용존 가스는 호흡과 광합성을 위해 산소와 이산화탄소, 영양 염류는 질소와 인산염 등이 필요하다.

생물학적 요인으로는 해조류를 좋아하는 전복, 소라, 군소, 성게 등이 해조를 갉아먹어 입는 피해이다. 그러나 사람에 의한 피해가 가장 클 것이다. 북유럽에서는 양이 해안에서 해조를 골라서 뜯어먹기도 한다.

대형 해조류는 파래, 김, 미역, 지충이 등이 포함된다. 대형 해조류는 색깔에 따라 녹조류(예 : 파래, 청각), 갈조류(예 : 미역, 다시마), 홍조류(예 : 김, 우뭇가사리, 산호말)로 나뉜다. 이들은 자신을 고정할 수 있는 단단한 기질이 있으며, 광합성을 할 수 있을 정도의 빛이 들어오는 연안의 바닥에서 산다.

인천을 비롯한 서해안은 대부분의 연안 지역이 갯벌로 구성되어 식물이 부착할 수 있는 암반이 드물고 물에 부유 물질이 많으며, 심한 조차로 공기 중에 노출되는 시간이 길어 남해안과 동해안에 비해 대형 해조류 군락이 빈약하다. 여기서는 예외적으로 서해의 다른 지역과 비교하여 조차가 적고 외해로 돌출되어 있는 태안반도와 남해 일원에서 관찰한 몇 종을 소개하고자 한다.

구멍갈파래 : 1~3개씩 뭉쳐서 나고 10~30cm 몸체에 구멍이 뚫려 있다. 거의 줄기가 없고 몸의 밑부분은 0.5mm 정도로 두툼하다. 상추처럼 주름진 초록색 잎들이 뭉쳐 있어 서양에서는 바다상추라고도 한다. 우리 나라 연안뿐 아니라 전세계적으로 번식하며 바위 해안 중·하부에 연중 서식하는데, 특히 겨울철에 대규모로 번성한다.

바위 해안 하부에 넓게 펴져서 군락을 이루고 있는 구멍갈파래

모란갈파래 : 바위 해안 상부의 바위 위에 군락을 이룬다. 몸은 작고 보통 높이는 2~4cm 정도이다. 하부는 단단하고 상부는 얇은 막으로 되어 있다. 녹색이며 끈적거리는 성질은 없다. 줄기가 없어 뭉쳐서 나며 대체로 둥근 덩어리를 이룬다. 가장자리는 주름이 많고 갈라진 것이 서로 겹쳐져서 모란꽃 같다.

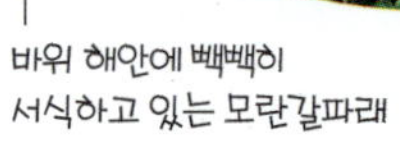

바위 해안에 빽빽이 서식하고 있는 모란갈파래

잎파래

잎파래 : 우리 나라 각지에서 흔히 볼 수 있다. 몸은 많이 모여서 나고, 10~20cm로 길며 편평한 엽상체 식물이다. 녹조식물로서 녹색을 띤다. 몸의 하부는 매우 가늘고 엽상체의 가장자리는 주름져 있거나 평탄하다. 표면에 다소 주름이 있다. 특히 5~6월경에 번성한다.

작은구슬산호말 : 조간대 바위에 산다. 몸은 작고, 높이는 3~4cm 정도이다. 밀집하여 뭉쳐서 난다. 조간대 상부의 암반에서는 조수가 고여 있는 곳에서 주로 관찰할 수 있다. 앞면은 편평하지만 뒷면은 힘줄같이 튀어나와 있다.

작은구슬 산호말의 군락

다시마 : 갈조류에 속하는 2~3년생의 바닷말이다. 몸은 넓은 띠 모양이며 바탕은 두껍고, 거죽이 미끄러우며 약간 쭈글쭈글한 주름이 있다. 아래에 자루가 있어서 바위에 붙어서 산다. 성체는 2~4m까지 성장하며, 폭은 20~30cm 정도이다. 빛깔은 황갈색 또는 흑갈색을 나타낸다. 식용으로 널리 쓰이며, 공업용으로 요오드의 원료가 된다.

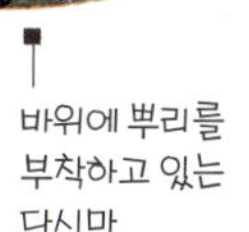

바위에 뿌리를 부착하고 있는 다시마

겨울철 바위 해안의 다시마

잘피류 : 조간대 하부나 수심이 얕아 햇빛이 잘 드는 조하대에서 서식한다. 녹색을 띠는 폭 3~6mm, 길이 50~100cm의 잎새를 가지며, 잎맥은 벼와 같이 나란히맥이다. 잎새는 끝에 잔털이 없고 매끄럽다. 바다에서 사는 고등식물로 꽃을 피워 종자를 만든다. 해양의 대형식물은 대부분 해조류로, 꽃을 피우는 속씨식물의 종류는 많지 않다. 지금까지 총 45종만이 기재되었을 뿐이다. 그 중에서 비교적 흔하게 대할 수 있는 것이 잘피류이다.

겨울철 바위 해안의 조수가 고여 있는 곳에서 관찰되기도 하는 잘피류

지충이 : 바위 해안 하부에서 군락을 이루는 흑갈색의 갈조류이다. 하나의 개체에서 굵기 2~3mm, 길이 수cm~수m에 이르는 여러 개의 줄기가 나며, 짧은 잎들이 줄기를 나선형으로 덮고 있다. 갈조류에서 가장 고등한 모자반과의 대표적인 종류로서 우리 나라, 중국, 일본의 암반 조간대 하부에 무리를 지어 사는 여러해살이 해조류다. 특히 겨울철에 번성한다. 모자반과에 속하는 해조류 중에서 가장 흔한 종류이다.

① 겨울철 바위 해안 상부에서 관찰된 지충이
② 여름철 바위 해안에 널려 있는 지충이
③ 바위 해안 조수웅덩이 속에서 생육하는 지충이

불등가사리 : 바위 해안의 상부에 군락을 이룬다. 몸은 밑바닥에서 뭉쳐서 나고 줄기가 매우 짧으며, 대체로 가지가 갈라져서 가늘고 꼭대기는 갑자기 부풀어서 야구방망이 모양이다. 간혹 단조로운 것도 있으나 보통 불규칙하게 엇갈려서 자라며 여기저기가 잘록하여 관절처럼 보인다.

속은 비어 있다.

바위 해안 상부의 넓게 펼쳐진 불등가사리

청각 : 높이 10~30cm, 굵기 1.5~5mm 정도이며, 짙은 녹색의 사슴뿔 모양이다. 줄기 하나가 두 개로 쪼개지는 Y자 형태를 이루며 만져보면 스폰지 같은 느낌으로 약하다. 연중 생육하지만, 특히 겨울철에 번성한다.

바위 해안의 하부에 부착하여 살며, 우리 나라뿐만 아니라 전세계적으로 널리 분포한다.

갈라지는 지점이 뚜렷한 Y자 모양을 한 중간 크기의 청각

톳 : 갈조류로 황갈색을 띤다. 보통 1m까지 자라며, 중심 가지는 원통상으로 매끈하며 그 직경이 3~4mm에 이른다. 잎은 오동통하다. 잎이 달린 겨드랑이에서 가지가 돌려나며, 부착 부분은 나무 뿌리처럼 갈라진다.

톳

양식장의 줄에 걸린 톳을 걷어내고 있는 어민의 모습 - 완도

조간대 모래 갯벌의 풍경
-학암포

4. 모래 갯벌

환경요인

사람들은 여름에 더위를 피해 바닷가를 찾는다. 우리가 해수욕을 즐기는 바닷가는 대부분 모래로 이루어졌는데, 이렇게 모래로 이루어진 지역은 바위 해안이나 펄 갯벌보다 더 사람들과 친밀하며 세계 전역에 걸쳐 펼쳐진다.

모래 갯벌은 해안선을 따라서 파도와 연안류가 모래나 자갈을 쌓아올려서 만들어 놓은 퇴적 지대이다. 해안선 주변은 파도의 작용과 조석에 의해서 변한다. 파도의 영향을 받는 해안은 비교적 소조차 해안(조석차 2m 이하)에서 많이 발달한다. 조석의 폭이 적은 지역은 모래 해안이 발달한다. 이런 모래 해안은 기상조건에 따라 평형 상태를 유지하기 위하여 계속 변한다.

모래로 구성된 해안에서 가장 풍부한 광물은 석영이다. 열대지방은 조개껍데기로 된 모래가 많고, 화산지대는 현무암이 풍부한 모래가 많다.

모래 갯벌에 햇빛이 반사되어 반짝이는 것은 주로 석영 입자들이다

그러나 바위 해안처럼 육안으로 보이는 생물들을 많이 관찰할 수는 없다. 모래 갯벌에 나타나는 대부분의 생물들은 기질 속에서 환경의 영향을 받으며 살아가고 있다.

모래 갯벌의 환경에서 물리적 요인은 입도, 경사도, 파도의 작용이 지배적이다. 그 중 중요한 요인은 파도의 작용이며, 이는 입도(퇴적물 알갱이의 크기)와 경사도에 미치는 영향이 매우 크다. 모래 해안의 입도와 경사는 해안마다 다르고 같은 해안에서도 계절에 따라 다르다. 보통 모래 해안의 단면은 겨울과 여름 사이에 변한다.

입도는 생물의 분포와 굴파기, 그리고 기질에 물을 어느 정도 유지하느냐가 매우 중요하다. 크기가 0.06~0.2mm 정도의 **세립질 모래**는 모래와 모래 사이에 모세관 작용을 통하여 썰물 때에도 일정량의 물을 유지하고 있어서 생물들이 견디기에 유리하고 기질에 구멍을 파기도 쉽다. 반대로 크기가 0.6~2mm 정도의 **조립질 모래**나 자갈은 썰물 때 매우 빠르게 배수가 이루어지기 때문에 쉽게 건조해져서 굴파기도 쉽지 않다.

모래 해안의 기질 차이에 따른 물리적 요인의 비교(Nybakken, 1997)

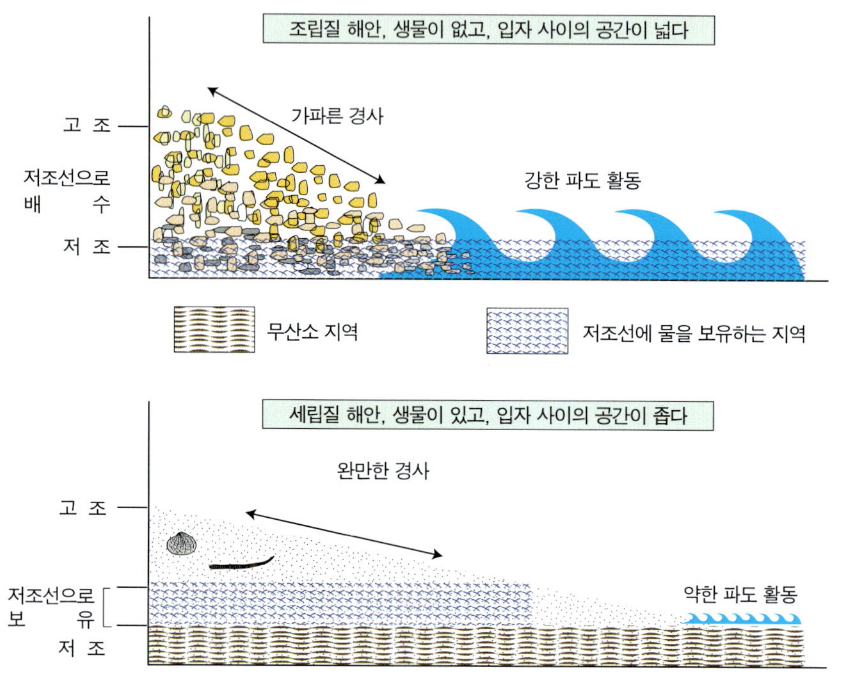

경사도는 입도와 파도의 상호 작용으로 형성된다. 밀려오는 파도는 물과 입자들을 육지 쪽으로 운반한다. 그들이 거기에 남아 있게 되면 해안이 늘어나는 원인이 될 것이다. 밀려나가는 파도는 바다 쪽으로 입자를 옮긴다.

경사가 완만한 해안은 밀려드는 파도가 소실된다. 대부분의 파도 에너지는 밀려드는 과정에서 거의 소모되며 밀려오는 파도의 물 튀김은 부드럽고 세립질의 퇴적물을 형성한다. 경사가 가파른 해안의 밀려드는 파도는 해변 위로 큰 물 튀김을 만들어낸다.

파도의 작용은 모래 해안과 자갈 해안에 입자들을 불안정하게 한다. 기질의 입자들은 파도에 따라 휩쓸려 끊임없이 이동하여 나눠진다. 가벼운 파도가 작용하는 곳은 세립질 모래의 운동이 일어나고 기질에 큰 영향력이 없으나 격렬한 파도가 작용하는 곳은 조립질 모래나 자갈의 활동이 우세하며 기질을 매우 깊게 혼란시킨다.

대형 저서생물의 분포와 종 다양성은 파도의 활동보다는 모래 해안의 경사면과 입도와 더 관련성이 있다. 즉 경사가 완만한 세립질의 해안은 가파른 경사면의 조립질 해안보다 더 풍부한 동물군을 가지며, 파도 에너지는 오히려 해안 자체보다 밀려오는 과정에서 흐트러진다. 조간대에서 자연 상태의 모래 갯벌은 입도의 변화가 적은 편이다. 적어도 파도의 힘에 의존하는 표층의 기질은 운동 상태가 일정하고 일정 시간 부유 상태를 유지하나, 강렬한 파도는 입도뿐만 아니라 해안의 윤곽 혹은 모양에도 변화를 줄 것이다. 이런 파도의 활동은 해안을 더 깊게 파고 무거운 입자를 들어올리며, 더 오래도록 부유를 유지하도록 한다. 그래서 그들은 항상 얼마 떨어지지 않은 앞 바다에 모래를 퇴적시킨다. 이런 변화는 온대 지역 해안에서 흔한 일이다. 여름에는 완만한 모래 경사가 생기고 겨울 폭풍우 동안에는 조립질의 가파른 해안으로 변한다. 기질을 움직이는 깊이는 1미터 또는 그 이상으로 생물이 서식하는 데 매우 중요하다. 퇴적물 표층의 끊임없는 이동 때문에 많은 생물체는 모래 혹은 자갈 해안의 표면에 오랫동안 서식할 수 없다.

한편, 모래 갯벌은 물리적 요인에 있어서 해양 저서동물들이 서식하는 데 몇 가지 유리한 점이 있다. 모래는 큰 온도 변화와 염분 변화에 대한 우수한 완충제 구실을 한다. 썰물 때

여름과 겨울 모래 해안가의 차이를 보여 주는 단면도(Nybakken, 1977)

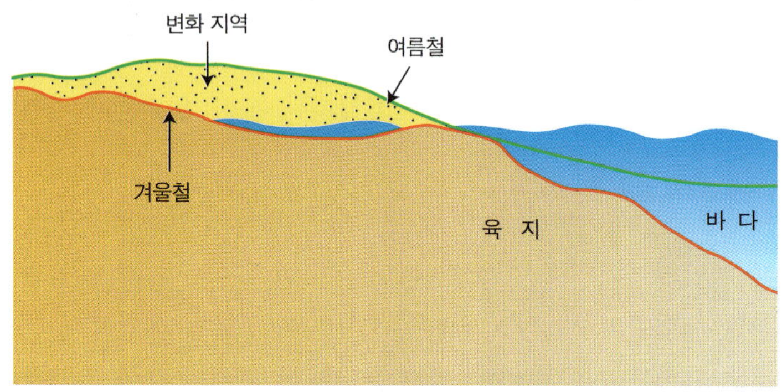

에 표층에서 몇 cm 아래의 온도는 거의 주변 해수의 온도를 유지한다. 이렇게 온도를 유지시키는 것은 모래의 응집력이 약한 특성과 모래와 모래 사이에 있는 간극수 때문이다. 마찬가지로 표층을 담수가 뒤덮을지라도 표층 10~15cm 아래의 염분 변화는 거의 없다. 이것은 간극수가 담수보다 밀도가 높은 염수이기 때문이다. 결과적으로 담수는 표면 위에 남아 있다. 더구나 모래는 빛에 불투명하고 표층에서 그것을 반사하거나 흡수하기 때문에 모래 속에 사는 생물이 햇빛에 직접 노출되어 해로운 영향을 받는 것을 막아 주는 구실을 한다. 건조는 해안 모래가 썰물 시간 동안에 모세관 작용으로 물을 충분히 유지하고 정제하는 한 문제될 것이 없다. 모래 속으로 파고 들어가는 생물체는 항상 습기를 접할 수 있다.

또한 모래 갯벌에 작용하는 물리적 요인은 산소이다. 산소는 파도의 작용으로 해수에 충분히 공급된다. 이러한 공급은 표층수의 상호 교환으로 이루어지고 생물들이 활용할 수 있는 산소가 포함되어 있다. 산소 공급에 제한을 받는 곳은 기질에 따라 다르다. 세립질 퇴적물은 조립질 퇴적물보다 물과 산소 공급이 느리다.

생물의 적응

파도에 따라 움직이는 기질에 서식하기 위하여 생물들은 환경에 적응력이 있어야 한다. 큰 대합들은 지나가는 파도의 영향을 받는 퇴적물의 깊이보다 더 깊게 굴을 판다. 이와 같이 동물들은 항상 무거운 조가비를 진화시켜 기질에 조개가 지탱할 수 있도록 돕고 굴을 깊이 팔 수 있도록 긴 흡수관을 가지고 있다. 그렇지만 이런 종들도 폭풍우가 발생하면 해안가로 이동되기 때문에 적응하기가 어렵다.

지나가는 파도가 기질 속에 있는 동물을 이동시키는 순간, 갯지렁이와 작은 이매패류들 그리고 갑각류들은 매우 빠르게 굴을 파고 든다. 이런 방법으로 적응하는 예로는 모래에 서식하는 게들을 들 수 있다. 이들은 젖은 모래를 빠르게 파기 위하여 고도로 수정된 짧은 몸체와 사지를 가진 신체 구조를 가진다. 작은 대합 종류들은 엄청나게 빠르게 바닥을 파고 들어간다.

다른 적응 방식은 생물들의 굴파기와 관련이 있다. 예를 들면, 모래 속에 사는 연체동물들은 몸을 움직이는 데 저항을 최소화하기 위해 매우 부드러운 조가비를 가지고 있는 것이 많다. 반면에 기질을 꿰뚫는 데 도움이 되도록 조가비에 가시 모양의 돌기가 있는 것도 있다.

또한 조석 주기와 밤낮의 리듬에 맞추어 낮 시간의 고조 때에는 기질 속으로 파고 들어가고 밤 시간의 저조 때에는 표층으로 나와 먹이 활동을 한다. 모래 해안의 대형 저서동물은 포식자들에게 공격을 받기 쉽기 때문에 대부분 포식자를 피하는 능력이 있다. 대표적으로 이매패류와 복족류들은 굴을 깊이 파는 능력이 있고 거친 털이 있는 게들은 조수를 따라 이동하는 경향이 있다. 상부 해안 지역의 갑각류는 바닷가에 밀려 올라온 해초 더미들 아래에 숨거나 낮에는 깊은 굴에 거주하면서 낮에 활동하는 포식자를 피한다.

먹이 생태

모래 갯벌에는 대형 다세포식물이 없고, 해조류는 기본적인 생산성이 거의 없다. 규조류들이 있을지라도 모래의 불투명함은 규조류 개체수가 표층에 서식하는 것을 제한한다. 결과적으로 모래 갯벌에 육안으로 보이는 초식동물들은 거의 없다. 사실상 기본적인 생산성이 없기 때문에 모래 갯벌에 사는 저서동물들은 해수로 운반된 식물성 플랑크톤, 파도에 밀려온 유기물 파편, 또는 다른 해안동물이 소비하는 먹이에 의존해야만 한다.

갯벌의 먹이 연쇄에서 중요한 역할을 담당하는 것은 미생물이 분해하는 과정에서 발생하는 생물체 파편 조각인 **데트리터스**로 이들은 수중이나 퇴적물의 표층에 널리 존재한다. 데트리터스는 모래 갯벌에서 부유물 식자로 펄 갯벌에서 퇴적물 식자로 우세하기 때문에 갯벌 생태계나 하구역 생태계에서 소비자의 에너지원으로 중요한 역할을 한다.

부유물 식자 동물들은 물 속의 입자들을 여과하는 것들이다. 모래 갯벌에 부유물 식자의 우점군은 맛조개류와 대합 등 이매패류의 연체동물이다. 대부분의 모래 갯벌에는 갯지렁이들이 산다. 육지의 지렁이들과 같이 그들은 모래를 통하여 굴을 파고 모래 속의 유기물을 섭취하거나, 그들의 반대쪽 주둥이로 작은 먹이를 잡는다.

극피동물 중의 하나인 성게류도 모래를 통하여 굴을 판다. 이들은 굴을 팔 때, 세립질 유기물 입자들을 짧은 가시 사이에 흘러내린다. 모래 입자가 아닌 점액에 함정을 만들고 입으로 운반한다.

육식성 복족류인 구슬우렁이류는 이매패류의 연체동물들을 찾아서 조개에 구멍들을 뚫고 내용물을 먹는다. 좁쌀무늬고둥류는 죽은 생물체들을 먹는다. 그들은 죽은 사체의 냄새를 맡는 화학적인 감각기관으로 먹이를 인식하고 먹이에게로 재빠르게 움직인다. 일단 먹이가 있으면 그들은 파도에 휩쓸리지 않도록 발이나 주둥이로 부착한다.

꽃게류 등의 육식성 게들은 내재 저서동물의 일반적인 포식자들이다. 썰물 때에 새들은 바닷가에서 활발하게 먹이 활동을 한다. 고조 때에 가오리, 홍어, 가자미 등의 물고기들이 모래 갯벌의 저서성 무척추동물 군집의 포식자로서 중요하다.

모래 갯벌의 군집

조간대 모래 갯벌은 표층에 보이는 생물이 거의 없기 때문에 이 지역은 암반처럼 뚜렷한 대상 분포의 패턴을 눈으로 볼 수 없다. 더군다나 암반처럼 건조와 온도 같은 물리적 요인이 모래에 서식하는 생물에게는 덜 중요하다. 생물의 대상 분포가 없는 것인지 의심할 정도이다. 모래 갯벌의 대상 분포는 있지만 암반처럼 분명하게 나타나지 않는다. 대부분의 모래 갯벌도 조간대를 3부분으로 나누는 것이 가능하다. 조상대는 보통 단각목의 갑각류와 움직임이 빠른 달랑게류가 서식한다. 중조간대는 매우 변화 무쌍하다. 하부는 성게, 갯지렁이류, 갑각류 그리고 큰 육식성 연체동물을 포함해서 가장 많은 종이 서식한다.

군집에 영향을 주는 물리적 요인으로 모래의 입도는 지역에 살 수 있는 생물 한계를 제한한다. 퇴적물 식자와 부유물 식자가 우점하는 군집은 상호 보완적인 분포를 나타내는 경향이 있다. 퇴적물 식자는 영양 상태가 더 양호한 세립질 퇴적물에서 풍부하며, 부유물 식자는 깨끗한 조립질 퇴적물에 더 풍부하다. 모래 갯벌에 일반적인 대형 저서동물의 먹이사슬은 부유물 식자, 퇴적물 식자, 썩은 고기를 먹는 동물들 그리고 육식동물들이 포함된다. 부유물 식자들은 모래 갯벌에 풍부하고, 퇴적물 식자는 해변에 더욱 풍부하다. 썩은 고기를 먹는 동물들과 육식동물들은 풍부하지 않다. 물고기들, 특정한 갑각류 그리고 새들은 모래 갯벌의 먹이 사슬에서 상위 포식자로서의 위치를 차지한다. 일반적으로 모래 갯벌은 육상 포식자(주로 새들)가 상부 해안 지역에 우점하고, 해양 포식자(물고기)는 하부 해안 지역에 우점하는 경향을 보인다.

모래 갯벌의 대형 저서동물군은 조수 이동에 따라 이동하는 특성이 나타난다. 대부분 대형 저서동물 이동은 먹이 조건이 좋고 포식자의 압력이 낮은 곳으로 이동한다. 밀려드는 파도는 모래 갯벌에 먹이를 제공하는 특징이 있다. 넓은 모래 해변에 이용할 수 있는 기본적인 먹이 형태는 미립질의 유기물, 썩은 고기, 죽은 해조류, 용해된 유기물, 플랑크톤, 그리고 소형 저서식물이 포함된다.

동물군 구성에 조수 변화뿐 아니라 계절적인 변화가 있다. 우점하는 표생저서동물은 계절적으로 변하는 해수의 온도에 영향을 받는다. 해수의 온도가 차가워지면 많은 갑각류들은 온도 변화가 덜한 더 깊은 바다 속으로 이동한다.

생물학적 요인으로 군집에 영향을 주는 포식은 예를 들어 작은 이매패류를 포식하는 구슬우렁이류를 제거하면 대합 등 이매패류의 군집이 활발하게 형성된다. 반면에, 경쟁은 별로 중요하게 생각되지 않는다. 이는 암반 조간대처럼 단위 면적당 개체 밀도가 높지 않고 물리적 요인의 영향을 덜 받기 때문이다. 먹이 경쟁은 대수롭지 않게 나타난다. 빈약한 개체군과 풍부한 플랑크톤 때문이다.

모래 갯벌의 대형 저서동물은 공간 변화를 나타낸다. 전체 종 수와 개체수는 수시로 변한다. 이런 변화는 내재저서동물 종의 대다수가 군집 구조를 통제하는 높은 포식력과 생물학적 교란 때문이다.

해안 사구

바닷가에 형성된 모래 언덕을 해안 사구라고 한다. 해안 사구는 모래 입자가 다량으로 공급되고, 그 모래를 이동시킬 수 있는 바람이 지속적으로 불며, 모래가 쌓이기에 적합한 장소에 잘 형성된다. 해변이나 갯벌, 하구 등은 조류와 파랑의 영향을 직접 받는 지형이지만, 해안 사구는 주로 바람의 영향을 받아 만들어진다. 바람에 의해 해변에서 육지 쪽으로 운반된 모래가 해안식물에 걸려 층층이 쌓여서 거대한 모래 언덕이 된다.

해안 사구 환경의 일반적인 특성은 온도가 높고 건조하며, 일교차가 크고, 지반이 불안정하고 척박하다. 우리 나라의 해안 사구는 해수의 유입이 거의 없으며 면적이 좁다. 그나마 해안선을 따라 형성된 사구는 대부분 해수욕장으로 개발되었으며 비교적 넓은 면적으로 남아 있는 것은 태안반도의 신두리 사구와 대청도의 남서부 사구 등이다.

수천 년에 걸쳐 형성된 해안 사구는 해일이나 태풍으로부터 해안 마을을 보호해 주는 제방이자 완충 지대로서 해안 시스템의 일부이기 때문에 사구가 파괴되면 해안 전체 시스템이 파괴되므로 보존해야만 한다. 사구는 연속적인 해안 퇴적 시스템의 한 부분으로서 사구의 형성과 발달, 쇠퇴 과정 등이 전형적인 해안 형성 과정의 변화와 비슷하다. 온대 지역에서 형성된 해안 사구는 건조 지역에서 형성되는 사구와 달리 강수량이 풍부하여 사구 지역 안에 수분을 충분히 보유하고 있으며, 배후 산지에서 수분이 지속적으로 공급되기 때문에 지하수가 풍부하고 지하수면이 지표면과 근접해 있거나 노출되어 있는 경우가 많다. 따라서 식생이 정착하는 데 수분은 큰 제약 조건으로 적용되지 않는 경향이 있다.

해안 사구의 대표 식물 통보리사초가 군락을 이루고 있는 모습
사구의 식물들은 모래 언덕을 유지시켜 주는 중요한 역할을 한다.

■ 갯메꽃이 활짝 핀 사구의 바닷가 풍경 - 태안 학암포

그러나 태안반도 해안 사구는 안면도 장곡리 사구의 유리 원료 채취, 꽃지 해수욕장의 꽃박람회 준비, 신두리 사구 뒤편 공사, 해안 모래사장의 옹벽 설치 등으로 많이 파괴되어 관광 자원과 아름다운 해변의 모래사장을 잃어가고 있다. 이렇게 사구가 파괴되면서 주변 마을이나 해변은 샘이 말라버리고 그 자리에서 민물의 상한선을 초과하는 염분 0.3‰ 이상의 해수가 나오고 있다(KBS 환경스페셜, 2001).

우리와는 다르게 외국에서는 사구에 출입을 제한하거나 금지시키고 있다. 미국 연방 연안관리법(1972년)의 해안 사구 관리법에서 사구 보호는 사람의 통행과 건축을 금지하고 자연적인 사구 시스템에서 찾을 수 있는 방법에 의한다. 30여 km에 걸쳐 사구가 발달된 미국 뉴저지주 아일랜드 비치파크의 경우, 해안에서 낚시를 하는 것은 가능하지만 사구 지대에 출입하는 것은 벌금형(우리 돈 100만원)으로 제한하고 있다. 바다가 육지보다 높은 네덜란드는 100km의 해안선에 폭이 3km에 달하는 사구가 발달되어 있다. 가장 남쪽의 마이엔델 해안 사구에서는 125년 전부터 사구 정수회사를 유지하고 있으며 이 곳의 공원은 유럽 최대의 생태 공원이 되었다.

우리 나라 최대 규모를 자랑하는 신두리 모래 언덕

해안 사구의 개발 현장

이런 해안 사구의 시스템은 비가 오면 빗물이 사구의 모래 속으로 스며드는데, 이 과정에서 해수를 사구 아래쪽으로 밀어내는데, 사구에 저장된 빗물의 양에 따라 해수는 점점 더 아래로 밀리게 된다. 결국 빗물이 스며들면 물의 시스템은 렌즈 모양으로 고인다. 고인 물이 해수면 기준으로 1m 높이로 고이면, 바다 밑 40m까지 민물이 고인다. 해수와 민물이 섞이지 않는 것은 민물과 해수의 비중 차이 때문이다. 민물에 비해 비중이 큰 바닷물이 사구 밑으로 밀리는 것이다. 마지막으로 물이 통과할 수 없는 불투수층이 형성되면, 민물과 바닷물의 막이 형성된다. 이렇게 지상뿐만 아니라 지하에서도 바다와 육지의 경계를 만들어낸다. 그러나 사구가 파괴되면 바닷물을 막는 방어막이 무너져서 바닷물이 육지로 밀려들어온다.

사구는 일종의 모래 공유 시스템이다. 모래 이동은 한 방향으로만 이동되지 않고 순환 시스템에 의해 이동된다. 모래는 해변에서 사구로 날아오고, 태풍이 불면 사구는 모래를 다시 해변으로 돌려 준다. 이러한 작용이 계속되는 한 우리는 기본적으로 해안 시스템과 해안 방어 기능, 그 외 해안의 다른 요소들을 정상적으로 유지할 수 있다. 그런데 해변에 도로나 옹

해안 사구 지하수계 모형도(한국방송공사, 2001)

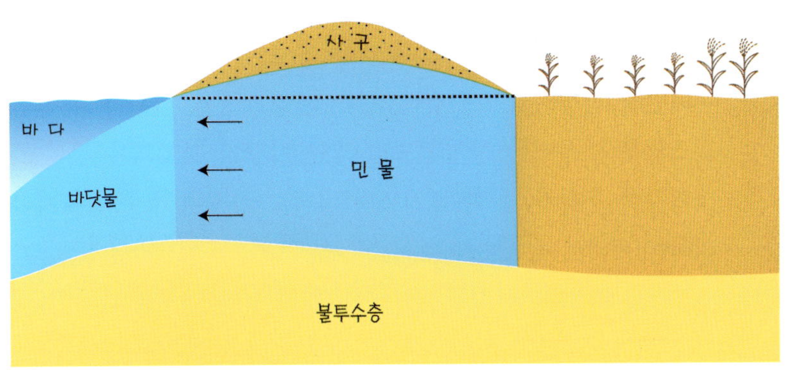

벽 등 인공구조물이 들어서 사구가 훼손되면 해변의 균형이 깨지고 침식을 일으켜 해안선을 파괴하게 된다. 모든 해안선의 침식 현상은 사구 지대의 인공 구조물에서 비롯되며, 해안의 인공 구조물이 해변을 무너뜨린다.

아름다운 모래사장의 해수욕장에 옹벽을 건설한 태안반도의 여러 해수욕장들은 이미 심각한 피해를 경험하고 있다. 옹벽은 파괴되고, 모래사장은 자갈밭으로 변하고, 주변으로 이동된 모래는 또 다른 피해를 나타내고 있다. 옹벽이 생기면 에너지가 반사되어 연안류가 강해져서 모래가 연안류를 따라서 이동하게 된다. 미국 뉴저지주 로저스 대학 해양과학연구소 노베르티 수티 교수에 의하면, 옹벽은 더 큰 옹벽을 요구하므로 옹벽은 해안을 보호하는 것이 아니라 오히려 해안 침식을 빠르게 진행시켜 옹벽마저 무너뜨린다고 했다.

서울대 지리학과 유근배 교수는 해안 사구를 보호하려면 해안 지역에서 단단한 것을 피하고 부드러운 모래, 풀, 나무 등으로 대비해야 한다고 했다. 이런 것들은 부드럽기 때문에 에너지를 흡수하지만 단단한 것들은 파도가 들어와 부딪히기 때문에 부서진다. 실제로 네덜란드는 해안 사구를 보호하기 위해서 해안이 침식되면 모래를 붓고 식물을 심어 자연적인 해안을 만들려고 노력한다(KBS 환경스페셜, 2001). 자연과 조화를 이루어야 장기적으로 해안 사구가 보호되는 것이고, 그것이 우리가 풀 한 포기조차 아끼고 가꾸며 소중히 여겨야 하는 까닭이다.

이렇게 사구의 식물들은 사구를 보호하는 중요한 구실을 한다. 육상식물이 홍수나 산사태 예방에 큰 몫을 담당하는 것처럼 사구식물들 또한 사구 해안 시스템에 중요한 역할을 한다. 이들 해안 사구식물의 생육 특성은 땅속줄기와 땅 위를 기는 덩굴 마디에도 뿌리가 발달한 종이 많으며, 강한 햇빛에 적응할 수 있도록 잎이 두껍고 투박해서 햇빛을 반사하여 수분 손실을 방지한다.

뿌리의 발달로 퇴적과 침식에 따른 지형 변화에 적응력이 뛰어나 해풍이나 파도로부터 모래 언덕을 보호하는 구실을 톡톡히 해낸다.

해안 사구를 유지시켜 주는 사구식물들의 뿌리 모습

해안 사구의 대표적인 식생을 살펴본다.

통보리사초 : 사초과의 여러해살이풀이다. 우리나라 사구 해안에 분포하는 전형적인 해안 사구 식물이다. 땅속의 줄기로 서로 연결되어 있으며, 한 개체가 50여 개의 종자를 생산하지만 사질에서 발아율이 낮아 번식은 주로 땅속의 줄기로 이루어진다. 땅속줄기의 간격은 약 40~50cm이다. 1년에 보통 땅속줄기가 약 5m 이상 생장한다.

통보리사초 풍경

통보리사초 수꽃

통보리사초 암꽃

좀보리사초 : 사초과의 여러해살이풀이다. 해수욕장 주변 등 모래가 많은 바닷가 주변 식물 군락에서 흔히 볼 수 있다. 뿌리줄기는 길게 기는 가지를 뻗으며, 줄기는 삼각기둥이고 키는 10~25cm이다. 잎은 줄기의 하부에서 모여 났으며, 나비가 2~4mm이다. 땅속줄기와 지상줄기가 이어진 곳은 짙은 갈색이고 그물 무늬가 있다. 작은 이삭 수는 3~5개이며, 수꽃 이삭 2~3개는 자갈색이다. 수꽃은 위쪽, 암꽃은 아래쪽 꽃대에 달리며, 5~6월에 핀다.

좀보리사초

바닷가 갯완두의 풍경

갯완두 : 콩과의 여러해살이풀이다. 서해안 사질 해안가에서 흔히 발견되며 갯메꽃 등과 함께 분포한다. 땅속줄기는 길게 뻗으며 번식한다. 3~6쌍의 작은 잎으로 구성되고 맨 끝은 덩굴손으로 변한다. 작은 잎은 타원형이며 턱잎은 작은 잎보다 끝이 뾰족하다. 꽃은 5~6월에 피고 길이 25~30mm로서 적자색을 나타낸다. 열매는 긴 꼬투리로 납작하다.

갯완두꽃

갯메꽃 : 메꽃과의 여러해살이풀이다. 사질 해안의 고조시 침수되는 지역부터 고지대까지 분포한다. 종자보다는 땅속줄기로 번식하기 때문에 일정 지

줄기를 뻗어 가며 사구를 보호하는 갯메꽃

역 비교적 넓은 면적에 군락을 형성한다. 줄기는 갈라져서 땅 위로 뻗거나 다른 물체에 기어올라간다. 잎은 원형에 가깝고 끝이 오목하거나 둥글며 길이 2~3cm, 나비는 3~5cm이다. 꽃은 5~6월에 피며 나팔꽃과 비슷한 연한 분홍색을 띤다.

갯메꽃의 씨방

바닷가 사구를 뒤덮은 갯메꽃

수송나물 : 명아주과의 1년생풀이다. 키가 10~40cm이고 줄기는 곧게 서거나 비스듬히 누웠고 밑에서 가지가 많이 갈라져서 자란다. 잎은 어긋나고 통통하며, 길이 1~3cm로서 끝이 뾰족하며 연하지만 나중에는 줄기와 더불어 딱딱해진다. 꽃은 연한 녹색으로 7~8월에 핀다.

수송나물

갯방풍 : 산형과의 여러해살이풀이다. 키가 5~20cm이고 굵은 황색 뿌리가 땅 속 깊이 들어가며 전체에 긴 백색 털이 많이 나 있다. 줄기는 짧아서 20cm 정도이다. 뿌리 또는 땅속줄기에서 직접 솟아나온 잎과 밑부분의 잎은 잎자루가 길고 지면을 따라 퍼지며 삼각형 모양이다. 길이는 10~20cm로서 3개씩 1~2회 갈라진다. 5~6월에 흰 꽃이 핀다. 홍자색의 잎자루를 생선회와 더불어 먹으며 뿌리를 약용으로 한다.

갯방풍

모래지치 : 지치과의 여러해살이풀이다. 뿌리줄기가 뻗어 번식한다. 줄기는 곧게 서고 가지가 갈라진다. 긴 꽃대에 꽃꼭지가 있는 여러 개의 꽃은 어긋나게 붙어서 밑에서부터 피기 시작하며, 작은 꽃자루를 가진 향기로운 꽃이 달려 있다. 5~8월에 백색의 꽃이 핀다.

모래지치의 꽃

모래지치의 어린 개체

군락을 이루고 있는 바닷가 주변의 모래지치

참골무꽃 : 꿀풀과의 여러해살이풀이다. 키가 10~40cm이고 뿌리줄기가 옆으로 길게 뻗는다. 잎은 마주나고 긴 타원형이며, 가장자리에 둔한 톱니가 있다. 윗부분의 줄기와 짧은 잎자루 사이에 자주색의 꽃이 7~8월에 핀다.

참골무꽃

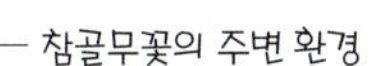

참골무꽃의 주변 환경

갯씀바귀 : 국화과의 여러해살이풀이다. 뿌리줄기가 옆으로 길게 자라면서 잎이 달린다. 잎은 어긋나고, 잎자루가 땅 속에서 나오며 삼각형이나 오각형 모양이다. 꽃자루는 땅속줄기에서 직접 솟아나온 잎자루 사이에서 자라고 6~7월에 2~5개의 꽃이 핀다. 마치 잎사귀만 모래 속에 파묻혀 있는 듯한 경우가 종종 있다.

갯씀바귀

둥근바위솔 : 돌나물과의 여러해살이풀이다. 바닷가 모래나 바위 근처에서 자란다. 뿌리줄기는 짧고 굵으며 끝에서 잎이 뭉쳐난다. 잎은 뿌리 또는 땅속줄기에서 직접 솟아나오며, 주걱형으로 연한 녹색이다. 꽃은 9~12월에 다닥다닥 달리고, 수술은 10개로 꽃잎보다 약간 길며 꽃밥은 자주빛이 도는 적색이다. 꽃이 피어 열매를 맺으면 죽는다.

둥근바위솔

등대풀 : 대극과의 2년생풀이다. 남부 지방의 섬이나 중부 지방의 해안 들녘 논둑이나 밭둑에 나며 대개는 바닷가의 모래땅에 많이 자란다. 키가 25~33cm 내외이다. 가을철에 나와 다음해에 무성해져서 자르면 백색의 유액이 나온다. 밑부분에서 줄기가 갈라지며 윗부분에 긴 털이 약간 있다. 잎은 어긋나게 달리며 잎자루는 없다. 꼭대기 가지의 분기점에 다섯 개의 잎이 원형을 이룬다. 꽃은 황록색이며 5월에 핀다. 독이 많으며 약용으로 쓰인다.

등대풀의 주변 모습

순비기나무 : 가지가 많이 나는 나무이다. 사질 해안의 해수의 영향을 받는 지역에서부터 해수의 영향이 없는 상부까지 분포한다. 서해안의 해수욕장 근처에서 종종 관찰되지만 개체수가 많지는 않다. 옆으로 비스듬히 자라며 전체에 회백색의 잔털이 있어 전체가 흰가루에 덮여 있는 것 같다. 자주색의 꽃이 7~9월에 핀다. 학암포 사구에 비교적 넓은 면적의 군락을 이루어 분포하고 있다.

순비기나무

칠면초, 갯잔디 등 일반적인 염생식물이 자라고 있는 최상부에서 주변의 풀과 어우러져 꽃을 피운 순비기나무 - 완도

해당화 : 장미과의 나무이다. 서해 해수욕장 근처나 농공용지로 개발되지 않은 일부 지역에서 발견된다. 인천 지역의 영종도 해안도로 주변이나 소래 해양탐구학습장에는 옮겨 심은 것들이 많다. 영종도에 자생하는 것들은 덕교리 주변에 군데군데 있고, 선녀바위 부근 사질에는 적은 면적이지만 군락을 이루고 있다. 태안반도의 신두리 주변이나 학암포 사구에 군락을 이루어 분포하고 있다.

해당화 씨방

흰해당화

해당화

바닷가 해당화의 풍경

5. 펄 갯벌

해안의 경사가 완만하고 썰물 때 넓게 드러나는 지역으로 흔히 갯벌이라고 부르는 펄 갯벌은 간석지라고도 한다. 우리 나라의 서해안은 대부분 지형이 완만하여 저조시에 보통 수 km가 드러난다. 펄 갯벌의 경계선은 일반적으로 바위 해안과 모래 해안 사이에 존재한다. 모래 갯벌과 펄 갯벌 사이의 경계선은 쉽게 구분되지 않는 경우가 많다. 실제로, 바닷가 해안은 파도의 영향을 받기 때문에 두 지역을 명확하게 나누는 것은 쉽지 않다. 펄 갯벌은 세립질이며 계속 유기물이 축적된다. 그래서 더욱 더 '펄' 이 된다. 펄 갯벌은 세립질이고, 모래 갯벌은 조립질로 조금 더 큰 알갱이로 이루어져 있다. 우리 나라의 갯벌은 펄과 모래 중 펄이 우세한 모래펄 갯벌과 모래가 우세한 펄모래 갯벌로 나누는 혼성갯벌이 두드러

조간대 하부의 모래 갯벌 -강화 장화리

지게 나타난다. 펄 갯벌의 퇴적물은 육지 쪽으로 갈수록 세립해지고 바다 쪽으로 갈수록 조립해진다. 보통 상부 조간대는 펄, 중부 조간대는 펄과 모래의 혼합, 하부 조간대는 모래 퇴적상이다. 이렇게 퇴적물의 분포가 이루어지는 경향은 조류의 유속과 관계가 있다. 조류의 유속은 하부 조간대에서 상부 조간대로 오면서 점점 약해진다. 이 때 유속이 강한 하부 조간대에서는 퇴적물이 부유하고 유속이 약한 상부 조간대에서는 주로 퇴적이 이루어진다. 입자가 세립할수록 조류에 밀려온다.

펄 갯벌은 하구와 염습지의 특징을 나타낸다. 세계적으로 펄 갯벌의 대부분은 하구와 만으로 연결된다. 그러므로 많은 생물의 유형과 적응은 두 지역과 비슷하다. 이 장에서는 펄 갯벌의 저서생물과 관련된 환경 요인과 영양 구조 등을 알아본다.

조간대 상부에 발달해 있는 펄 갯벌 - 강화 선두리

펄 갯벌에는 밀물과 썰물 때 조류가 드나드는 비교적 큰 규모의 갯골이 발달해 있는데, 조류를 이용하여 갯벌 생물이 이동하는 통로로 이용되기도 한다.

환경 요인

펄 갯벌은 외해의 파도로부터 보호를 받는 조간대 지역으로 제한되며, 세립질 퇴적물 입자로 형성된다. 이 지역은 해수 이동이 최소한인 지역에 형성되며, 모래 기질보다 더 안정되었다. 이러한 퇴적물의 안정 상태는 배수가 잘 되지 않아 기질 속에 해수를 보유하는 시간이 길고, 표층 위쪽의 해수와 상호 교환 빈도가 적다. 그래서 상층부의 박테리아 개체군은 표층에서 몇 cm 아래의 퇴적물부터는 산소를 고갈시켜 버린다. 이렇게 퇴적물의 무산소층을 형성하는 것이 펄 갯벌의 중요한 특색 중의 하나이다.

상부의 산소층과 하부의 무산소층 사이는 **산화-환원 불연속층**이라고 부르는 변환 지역이다. 산화-환원 불연속층 밑의

퇴적물 유형에 따른 화학적 특성(홍, 1998)

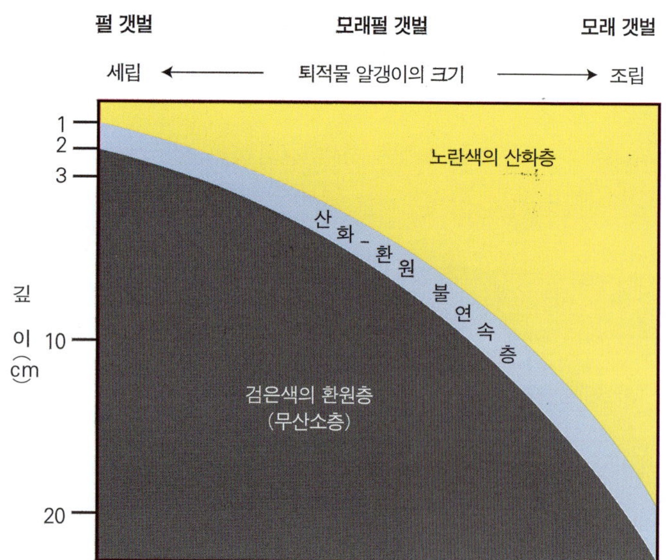

유기화합물 분해는 대사 작용에 산소가 필요하지 않은 **혐기성 생물**들이 한다. 산화-환원 불연속층 위의 분해는 대사 작용에 산소를 필요로 하는 **호기성 생물**들이 한다. 산화-환원 불연속층은 보통 퇴적물이 회색이고 산화된 위층은 보통 갈색 또는 노란색이며, 무산소층은 검정색이다.

산화-환원 불연속층은 생물학적으로 중요하다. 산소가 공급되면 환원된 화합물은 위쪽으로 발산되고, 박테리아는 이 화합물을 산화시킨다. 이산화탄소, 질산, 황산을 포함하여 산화된 생산물들은 박테리아와 섞이어 새로운 먹이사슬의 기초를 형성한다. 그러나 약간의 화합물들은 산화-환원 불연속층의 아래쪽으로 발산되어 혐기성 박테리아들이 사용한다. 이러한 박테리아들은 인산염을 방출하고 순환시켜 환원된 화합물을 더욱 많이 생산한다. 산화-환원 불연속층에는 화학적 영양소로서 무기 화합물을 섭취하고 그것을 원료로 해서 체내에 필요한 유기 화합물을 독자적으로 합성해 나가는 박테리아들이 있다. 환원 화합물을 산화시켜서 박테리아들은 더욱 유기물을 생산한다.

펄 갯벌은 유기물이 풍부하여 서식하는 생물에게 충분한 먹이를 제공하지만, 갯벌 바닥에 풍부한 작은 유기물 입자들이 쌓여 표층의 호흡을 방해할 가능성이 있다.

생물의 적응

바위 해안의 경우와 비교하여 펄 갯벌의 표층은 서식하는 동물상이 빈약하다. 이러한 지역에 서식하는 게나 갯지렁이, 조개 등 대부분의 생물들은 기질에 서관을 만들어 이용하거나 부드러운 기질에 굴을 파고 생활한다. 펄 갯벌에 생물이 적응해 가는 방법 중의 하나는 내구성 관들을 형성하거나 기질에 구멍을 팔 수 있는 능력이다. 기질에 구멍을 팔 수 있는 것은 세립질 퇴적물의 안정성과 관련이 있다. 바위 해안 저서동물이 딱딱한 껍질로 포식 당하는 것을 피한다면 펄 갯벌의 동물은 구멍이나 서관을 만들어 생활한다. 펄 갯벌의 게나 갯지렁이들은 크기와 모양이 다른 Y자형, U자형, I자형 등 여러 가지 구멍으로 표층에 나타난다. 굴의 깊이는 동물의 종류, 서식지의 해수면으로부터의 높이, 계절 등에 따라 달라진다. 상부 조간대에 서식하는 방게류는 30cm 이상의 깊이까지 파며 털콩게는 보통 5~10cm의 굴을 판다. 칠게는 방게나 털콩게보다 수분 함량이 많고 낮은 곳에 서식하며 옆으로 넓게 구멍을 판다. 대부분의 게는 온도가 높고 건조가 심한 여름과 추운 겨울에 가장 깊은 굴을 판다. 이러한 생물들의 서식 방법은 갯벌 속에 산소와 신선한 물이 유입되어 산화층의 두께가 두꺼워지고 산화-환원 불연속층도 깊어져 저서동물의 서식 공간이 넓어지며 갯벌이 썩지 않고 유지되도록 하는 큰 역할을 담당한다.

갯벌에서 내서동물은 기질 속에 서식하므로 표층 위에서는 관찰하기 어렵지만, 삽으로 파면 다모류의 갯지렁이, 갑각류의 게, 연체동물의 이매패류, 해삼류 등을 다양하게 관찰할 수 있다. 준내서동물이 밖에 나오거나 몸의 일부를 밖으로 내어 먹이를 취하는 데 비해 이들 내서동물은 기질 속에서 돌아다니거나 이매패류는 입수공만을 표면으로 내밀어 먹이를 취한다. 다모류나 연체동물 이외에 내서 저서동물로는 완족동물에 속하는 개맛, 극피동물의 일종인 가시닻해삼 등이 있다.

우리 나라 펄 갯벌에서 흔히 발견되는 표서동물은 거의가 복족류와 갑각류이다. 표층 위에서 기어다니므로 다른 동물에게 잡아먹힐 위험이 있다. 복족류처럼 패각을 가지거나 게처럼 빠르게 움직이는 방식으로 환경에 적응해 간다.

또 다른 적응 방법은 무산소층의 기질과 관련이 있다. 생물이 기질에 구멍을 뚫어서 생존하려면, 무산소층 기질에 적응해야 하거나 그들에게 산소가 공급되도록 지표수를 얻는 방법이 있어야 한다. 대부분 다세포생물들은 산소 없이 생존할 수 없기 때문에 갯벌 표층에 나타나는 여러 가지 굴, 구멍, 그리고 관을 통하여 산소가 풍부한 지표수와 먹이를 얻는 것이다. 비록 대부분의 갯벌 생물들은 무산소층에 내성이 없을지라도, 모래 갯벌에 사는 생물보다는 빈약한 산소에 적응이 되어 있다. 일반적으로 산소가 부족할 때에 대비하여 농축된 산소를 계속 모을 수 있는 혈색소 같은 운반 매체가 발달해 있다.

파도의 작용은 펄 갯벌에 영향력이 별로 없기 때문에, 모래 갯벌처럼 빠르게 굴을 파거나 파도에 휩쓸리지 않도록 몸을 발달시킬 필요가 거의 없다.

먹이와 영양 구조

펄 갯벌은 유기물 그리고 박테리아와 식물의 생산성이 증가하기 때문에, 모래 갯벌보다 더 활용할 수 있는 먹이가 많다. 이것은 펄 해안에 큰 생물이 살도록 허용하며, 실제로 펄 갯벌은 개체 밀도가 높다.

펄 갯벌에 우점하는 먹이 유형은 퇴적물 식자와 부유물 식자이다. 퇴적물 식자는 유기물과 퇴적물에 박테리아 개체수가 많아서 풍부하며, 다모류의 갯지렁이류가 대표적 생물이다. 갯지렁이는 기질을 통하여 굴을 파서 먹이를 찾아 섭취하고, 유기물을 소화하고, 항문을 통하여 소화되지 않은 물질을 내보낸다. 종에 따라서 U자 모양의 굴을 형성하는데, 한 쪽 구멍은 열려 있고 다른 한 쪽 구멍은 섭취할 수 있는 퇴적물로 가득 채워져 있다. 갯지렁이가 통로에 채워진 퇴적물을 먹으면, 흡수되는 영양분을 제외한 퇴적물은 창자를 통하여 지나간다. 그리고 열려 있는 구멍의 표층에 배설을 하여 배설물 덩어리를 남긴다. 또 다른 갯지렁이류는 관을 형성하지는 않지만, 기질 속에서 움직이며 퇴적물을 섭취한다. 표층과 기질 속에서 퇴적물을 섭취하는 종류도 있다.

펄 갯벌 기질 속의 갯지렁이 모습(nybakken, 1997)

U자형의 지하 갱도를 파고 생활하는 종(오른쪽)과 기질 속에 묻혀 사는 종(왼쪽)

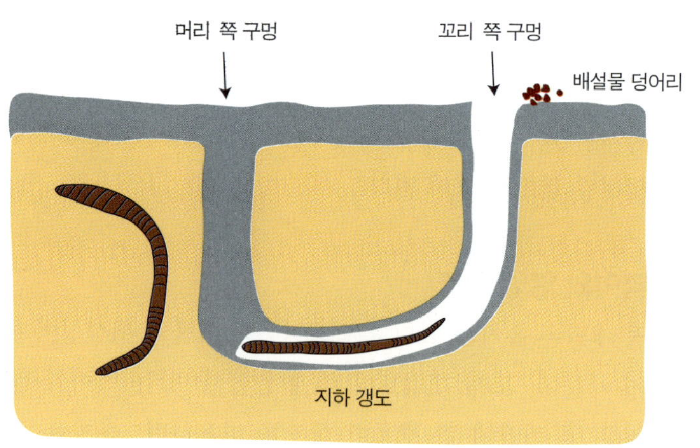

부유물 식자는 여러 가지 종류의 플랑크톤과 떠돌아다니는 퇴적물 입자를 섭취한다. 대부분 펄 갯벌의 부유물 식자는 부

분적으로 재부유된 퇴적물이 포함된다. 그러므로 그들은 실제로 퇴적물과 부유물을 둘 다 먹이로 한다.

펄 갯벌 부유물 식자로 이매패류 중 가리맛은 빨대 모양의 입수관과 출수관이 있다. 입수관을 표층으로 내밀어 유기물 입자를 빨아들여 섭취한 후 출수관으로 배설물을 내보낸다.

일반적으로 퇴적물 식자는 세립질 해안에, 부유물 식자는 유기물의 양이 거의 없는 조립질 퇴적물에 더욱 풍부하다.

펄 갯벌에 주요 육식동물은 밀물 때에 먹이를 먹는 물고기들, 그리고 썰물 때에 먹이를 먹는 새들이다. 또한 소수의 종으로 다모류의 갯지렁이, 고둥류, 갑각류의 게 등도 있다. 펄 갯벌은 해안에 식물성 먹이가 모래 갯벌에 비하여 상대적으로 풍부함에도 불구하고 초식동물은 많지 않다.

데트리터스는 소비자의 에너지원으로 매우 중요한 역할을 하는데, 식물성 먹이는 대부분 데트리터스로 퇴적물 식자의

갯벌생물들의 먹이원의 하나로 제공되는 염습지와 육상에서 흘러드는 식물 조각들 - 강화 동검도

먹이망에 포함되는 작은 입자들이 잘게 부서진 후에 먹이사슬에서 발견된다. 그래서 펄 갯벌의 영양 구조는 데트리터스-박테리아 먹이원과 식물성 먹이원 등으로 이루어진다. 데트리터스 먹이원은 식물과 다른 유기물에서 분리되며 데트리터스 입자에 사는 박테리아를 포함한다. 데트리터스 입자는 대형 저서동물의 무척추동물에 의해서 직접적으로 얻을 수 있고 박테리아에 의해서 소모될 수 있다. 박테리아는 초식동물과 유사한 위치를 차지하며, 유기물 입자들을 섭취하는 것처럼 퇴적물 식자를 소비한다. 퇴적물 식자는 무척추동물을 포함하여 여러 육식동물이 소비한다.

규조류는 다모류인 환형동물, 연체동물, 갑각류가 소비한다. 그 위의 상위 포식자는 물고기와 새이다.

대상 분포와 군집

펄 갯벌은 바위 해안과 달리 대상 분포를 육안으로 식별하기가 어렵지만 해수면으로부터의 높이에 따라 서식하는 종의 종류가 달라지는 것은 같다. 다만 펄 갯벌의 경사가 바위 해안에 비해 완만하므로 생물 분포의 경계선이 뚜렷하지 않을 뿐이다. 펄 갯벌의 대상 분포에 관한 정보는 많지 않다. 이 지역의 매우 완만한 경사면은 바위 해안이나 모래 갯벌보다 조간대가 넓다는 것을 의미한다.

수직 높이에 따른 서식 종의 차이는 바위 해안과 마찬가지로 조석 운동에 의한 노출, 침수 시간의 차이에 원인이 있다. 퇴적물 알갱이의 크기도 중요한 요인이다. 노출, 침수 시간의 길이나 퇴적물의 조성이 조석과 밀접하게 관련되어 있으므로 일반적으로 조석 운동이 생물의 분포에 영향을 미치는 것은 바위 해안과 비슷하다. 우리 나라 서해 갯벌의 경우, 상부에서 하부 조간대로 가면서 생물 분포가 지역에 따라 차이가 있으나 공통적인 면은 대조시 고조 때에 해수에 잠기는 고조선 위쪽 최상부 조간대는 보통 염습지가 발달한다. 그러나 우리 나라의 염습지는 대부분 간척 후 전답으로 사용되고 있어 현재는 극히 일부 지역에만 남아 있다. 여기에 서식하는 동물은 염습지 부분에서 다루고자 한다.

조상대 연변부의 상부 지역은 기질에 구멍을 파는 여러 가지 종의 게들이 서식한다. 고조선 아래쪽으로는 민칭이, 왕좁쌀무늬고둥이 나타난다.

중조간대 지역은 사니질 퇴적상을 보이는데, 표서동물인 서해비단고둥과 내서동물인 동죽, 백합 등 이매패류가 우점하고 있고 다모류인 집갯지렁이류의 일반적인 서식지이다.

조하대 연변부는 명확한 경계선이 없고 대부분 가시닻해삼이 우점한다. 이런 군집을 구성하는 물리적 요인와 생물학적 요인은 많은 장소에서 연구되어 왔다.

앞에서 언급한 내용은 일반적인 내용일 뿐 갯벌에 따라서는 각자 나름의 환경 차이로 독특한 군집 구조를 이루는 경우도 많다.

저서동물상

이 장의 앞부분에서 밝혔듯이 여기서는 조간대의 바위 해안을 제외하고 모래나 진흙질 갯벌에서 관찰할 수 있는 일반적인 주요 저서생물을 알아보고자 한다. 펄 갯벌에는 갯지렁이류, 이매패류 그리고 갑각류인 게류 등 무척추동물군이 대표적으로 우점한다.

자포동물

바다선인장 : 조간대 사니질에서 산다. 몸 전체적으로 연한 노랑색을 띠며, 주름이 매우 많다. 낮에는 갯벌 속에 파묻혀 있다가 밤에 주로 활동한다. 밤에 갯벌에서 촉수로 먹이 활동하는 것을 관찰할 수 있는데 산호초를 연상시킬 정도로 아름답다. 손으로 주무르면 형광 물질이 나와 야광의 빛을 낸다.

바다선인장

물해파리 : 여름철 혼성 갯벌에서 흔하게 관찰할 수 있다. 전체적으로 맑고 투명하다. 납작한 어묵덩어리 같이 물렁물렁하다. 8월경 연안에 떠다니는 것을 쉽게 관찰할 수 있다. 색깔이 화려한 해파리류들은 독이 있어 쏘이면 위험하다.

물해파리류의 앞면

물해파리류의 뒷면

환형동물

갯지렁이들은 일반적으로 쉽게 구분되는 몇 종을 제외하고는 육안으로 종을 구별하기가 어렵다. 지렁이들의 종을 구별하기 위해서는 이 분야의 전문적인 지식이 필요하고 현미경을 사용하여야만 한다.

갯지렁이가 갯벌 표층을 섭식한 흔적

지렁이 배설물

참갯지렁이 : 조간대 상부의 펄, 펄이 섞인 모래, 모래로 구성된 퇴적 환경에서 많이 발견된다. 염분 변화에 잘 적응하기 때문에 해수와 담수가 만나는 하구역에 많이 서식하고 있다. 해수는 물론 기수역 및 담수에서도 서식한다. 몸 앞부분의 등 쪽은 짙은 갈색을 띠고 다리와 배 쪽은 살색이다. 두토막눈썹참갯지렁이와 비교할 때 몸길이가 매우 짧은 편이다.

참갯지렁이

흰이빨참갯지렁이 : 황해의 펄 갯벌 상부에 사는 세계 1속 1종이다. 갯벌 표층의 퇴적물 속의 유기물을 먹는다. 길이는 2m에 가까울 정도로 길다. 주위 환경에 민감하며, 몸 전체를 펄에 드러내는 일이 없다. 먹이 활동을 하다가 주위의 미세한 움직임에도 몸의 신축성을 이용하여 재빨리 집 속으로 빨려들어 간다. 주로 강화 남단의 펄 갯벌에서 관찰할 수 있다.

흰이빨참갯지렁이

두토막눈썹참갯지렁이 : 담수가 유입되는 펄과 모래가 섞인 해변에 주로 서식한다. 몸 등 쪽에 검푸른 빛을 띠며, 몸길이가 다소 길다. 몸통 두께에 비하여 폭이 다소 넓은 편이다. 입 표면에 길고 편평한 입주머니이빨이 2~3개 가로로 줄지어 있는데, 현미경으로 등 쪽에서 관찰하면 마치 눈썹 모양으

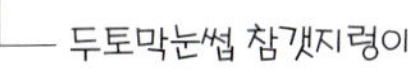
두토막눈썹 참갯지렁이

로 보인다는 점에서 이름이 유래되었다. 몸통의 다리는 등다리와 배다리 두 가닥으로 구성되어 있고 다리자락이 잎사귀 모양으로 넓게 발달되어 있는 것이 이 종의 특징이다. 낚시 미끼로 사용되는 상업종이다.

서관에서 머리를 내밀고 나오는 털보집갯지렁이

털보집갯지렁이 : 모래와 진흙이 섞인 갯벌에서 산다. 모래알, 패각, 해조류, 나뭇조각 등을 붙여서 질기고 튼튼한 집을 짓는다. 홍갈색이고 앞부분의 등 쪽은 어두운 녹색을 띠고 있다. 배 쪽은 엷은 붉은색이다. 낚시의 미끼로 쓰이는 유용한 종이다.

괴물유령갯지렁이 : 조간대 모래와 진흙이 섞인 갯벌에 많이 산다. 이 무리는 거의 모두 정착 생활을 하며, 바닥의 침전물을 먹고 산다. 대개 집은 모래알과 조개 파편을 붙인 관으로 되어 있으며, 원통 모양의 서관이 갯벌에 박혀 있다. 몸 앞쪽 부분은 부풀어 있고 뒤로 가면 가늘어진다. 가슴 부위에 등다리와 배다리가 있다.

갯벌을 들추자 모습을 드러냈다가 땅 속으로 파고 들어가 뒷모습만을 보여 주는 털보집갯지렁이

괴물유령갯지렁이

의충동물

개불 : 조간대의 깨끗한 모래 갯벌 속에 산다. 개체의 표면이 사람 피부색과 비슷하고 말랑말랑하다. 보통 20~30cm 깊이의 모래 속에 'U' 자형의 굴을 판다. 수축되었을 때 몸길이가 약 200mm 정도인데 움직일 때는 늘어나서 300mm 이상 된다. 개불의 갱도에는 공생하는 소형 콩게류, 지렁이류, 이매패류 등이 있다.

무창포 모래 갯벌 속을 파자 모습을 드러낸 개불

절지동물

집게류 : 게와 새우류의 중간 위치에 있는 동물들이다. 집게발은 물건을 잡거나 먹이를 먹을 때, 적과 싸울 때 사용하고, 고둥 껍데기 속에 숨었을 때에는 입구를 막는 구실을 한다. 새로 찾은 고둥 껍데기의 크기를 잴 때에도 큰 집게발을 사용한다. 가슴에 있는 두 쌍의 다리가 걷는 데 쓰이고, 걷는다리 뒤에 있는 작은 다리 두 쌍은 고둥 껍데기 속에서 몸을 움직이거나 버티는 데에 사용한다. 배가 연하고 오른쪽으로 비틀어져 있어서 고둥 껍데기 속에서 지내기가 편하다. 배다리는 암수 모두 왼쪽에만 있고 오른쪽에는 없다. 암컷의 배다리는 알을 품는 포란용으로 쓰인다. 빈 패각 속에서 생활하고 성장해가

① 고둥의 패각에 들어가 생활하는 집게
② 고둥의 패각에서 빠져 나온 집게
③ 고둥의 패각에서 빠져 나온 집게의 옆모습

면서 더 큰 고둥 껍데기로 옮겨가는 집게류는 조에아기부터 부화하여 게류의 메갈로파 시기에 해당하는 글라우코토에 시기를 거쳐 성체로 변태한다. 복부는 크지만 다른 갑각류에서 보이는 것과 같은 외골격은 없다. 그래서 복부는 부드럽고 패각으로부터 보호를 받지 않으면 다른 동물로부터 공격을 받기 쉽다. 꼬리 마디는 배 끝에 있으며 까칠까칠한 꼬리다리가 나 있다. 이 꼬리다리를 고둥 껍데기의 축에 감아서 몸이 빠지지 않도록 하여 일부러 빼내려 해도 잘 빠지지 않는다.

넓적왼손집게 : 서해 모래펄 갯벌에서 관찰되는 집게 중에서 가장 흔한 종이다. 갑각 앞부분의 표면은 정사각형에 가깝고 석회질화되어 있으며 그 중앙부 표면은 비교적 매끈하고 광택이 난다. 이름처럼 왼손 집게다리가 넓고 크며, 길이는 갑각 길이의 2배 정도이다. 몸통은 연한 붉은 빛을 나타내며, 다리에는 연한 적갈색 가락지 무늬가 있다. 왼쪽 손은 희고 배는 황색이다. 어린 개체는 조간대에도 있지만 성체는 훨씬 깊은 곳에서 생활한다. 이 종이 들어 있는 조개 껍데기에는 말미잘이 붙어 있는 경우가 많다. 고둥 껍질을 건드리면 속으로

고둥 껍질에서 완전히 빠져 나온 넓적왼손집게

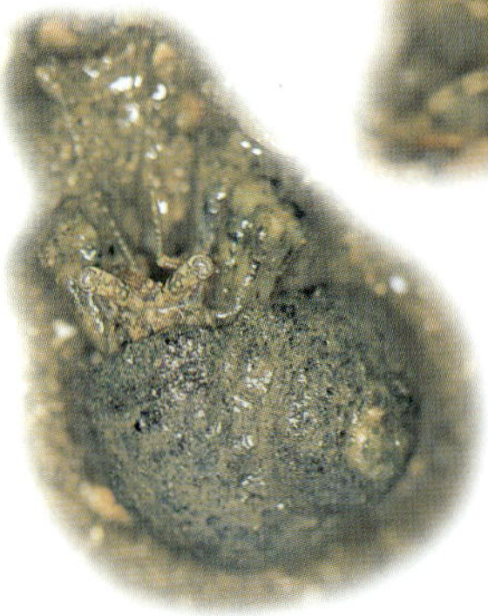

고둥 껍질 밖으로 머리를 내민 넓적왼손집게

여자만 조간대 상부의 암반 지대 밑에 군집을 이루고 있는 넓적왼손집게

들어가서 잘 나오지 않지만 껍질을 뒤집어 놓으면 비교적 빠르게 껍질 밖으로 나오는 편이다.

포란한 쏙

쏙 : 조간대 저조선 가까이 모래가 섞인 진흙질에 구멍을 파고 산다. 쏙의 구멍은 보통 수직으로 30~50cm, 지름이 2~3cm 정도의 원기둥 형태이다. 이런 구멍은 한 곳에 수십 개씩 모여 있다. 쏙을 구멍 입구에 대고 있으면 구멍 속의 쏙을 물고 나오기 때문에 사람들이 4~5월경에 포란한 쏙을 잡는다. 겉모양은 갯가재와 비슷하나 오히려 집게류에 더 가깝다. 쏙붙이와 비교하면 사는 장소가 다르고, 크기도 일반적으로 크다. 집게다리 양쪽의 모양과 크기가 같다. 갑각의 윤곽은 등 쪽에서 보면 삼각형에 가깝다. 이마 뿔은 돌출하여 3갈래로 갈라지고 그 뒤에 2줄의 깊은 홈이 있다.

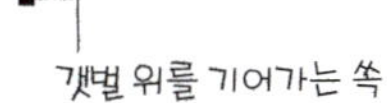

갯벌 위를 기어가는 쏙

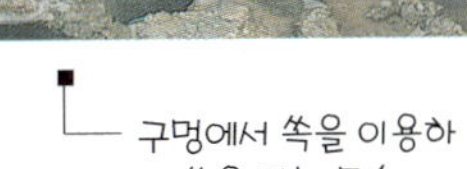

구멍에서 쏙을 이용하여 쏙을 잡는 모습

쏙붙이 : 저조시에 조간대의 깨끗한 모래 갯벌 속에 산다. 바닷물이 들어오면 기어나와 활동을 한다. 쏙과 비교하면 대체로 크기가 작다. 이마 뿔은 퇴화하여 거의 없고, 눈자루는 상하로 납작하며 등면에 작은 안점이 있다. 집게다리는 좌우의 크기가 뚜렷하게 차이나고 표

뒷걸음치는 쏙붙이

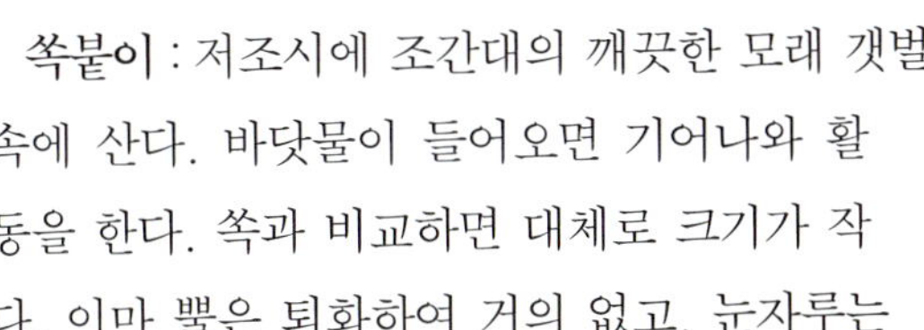

쏙붙이의 배면

면이 매끈하여 광택이 난다. 가끔씩 새우젓에 섞여 있는 것을 볼 수 있다.

갯가재 : 저조선 아래의 모래 갯벌이나 모래가 많이 섞인 진흙질 바닥 밑에서 산다. 몸이 길쭉하며 납작하다. 몸통 첫째 마디에 3개의 가슴다리가 있다. 촉각의 끝은 세 갈래이며, 머리가슴에 붙어 있는 양 집게다리는 사마귀의 앞발처럼 매우 날카롭다. 몸은 연한 청갈색을 띤다. 몸길이는 대략 100~150mm이다. 운이 좋으면 저조선 물 밖으로 튀어나와 기어다니는 것을 볼 수 있다. 물이 빠지면 밖으로 나와 작은 갑각류나 갯지렁이, 어류 등을 잡아먹는다.

저조선 밖으로 튀어 나와 갯벌 위를 기어가는 갯가재

갯가재의 정면

갯가재의 등면

갯가재의 배면

짝짓기하는 길게

길게 : 주로 내만의 모래가 많이 섞인 진흙질 바닥에 비스듬히 구멍을 파고 산다. 전체적인 모양은 가로로 매우 길어서 나비가 길이의 2배 이상이 되는 길쭉한 사다리꼴이다. 등면은 앞

뒤로 기울어져 있어서 원기둥의 곡면과 같으며, 양옆은 비스듬히 잘린 것 같다. 등면의 양옆에는 아치 모양의 2개의 가로 홈이 있고, 중앙에도 2개의 세로 홈이 있다. 눈자루가 가늘고 길며, 눈은 주로 흰색을 나타낸다. 물이 나가면 밖으로 나와 퇴적물 안의 유기물을 섭취하는 퇴적물 섭식자이다.

길게 수컷의 앞면

길게의 등면

민꽃게 의 등면

건드리면 피하기 보다는 대항하는 민꽃게의 모습

민꽃게 : 얕은 바다의 진흙이나 모래, 돌 바닥에 산다. 갑각의 윤곽은 길쭉한 타원형에 가깝다. 등면은 볼록하고 어린 개체는 등면에 연한 털이 있지만 성체는 없고 매끈하며 광택이 난다. 등면은 어두운 녹갈색 바탕에 미색 얼룩 무늬가 있다. 어두운 보랏빛을 띠는 것도 있다. 이마에는 6개의 돌기가 있는데 2개의 가운데 돌기가 가장 많이 돌출하였다. 좌우 양쪽의 집게다리는 거의 비슷한 크기로 가시가 있다. 제4 걷는다리는 앞마디와 발가락마디가 헤엄치는 다리(유영형)이다. 얕은 바다의 진흙, 모래 또는 돌 밑에 살며, 저조시 조간대의 돌 밑에서도 잡히고 자망에도 잘 걸린다. 10월에서 11월 중순 사이에 갯가 암반 근처에서 어린 개체를 관찰할 수 있다. 게장으로 식용한다.

꽃게 : 모래질 또는 진흙질 바다 밑에서 산다. 갑각의 등면

① 꽃게의 등면
② 꽃게의 앞면

은 쑥색을 나타낸다. 갑각의 윤곽은 옆으로 매우 긴 마름모꼴로 아래 위 모서리가 둥근 편이다. 양옆 돌기는 가시 모양으로 예리하다. 제4 걷는다리가 헤엄치는 다리로 납작하고 넓은 것이 특징이다. 성체는 온도에 적응력이 강하여, 여름철 40℃에 가까운 고온의 간석지나 겨울의 0℃ 이하 저온에서도 견딘다. 보통 7~35℃에서 생활하며, 수온이 14~15℃로 내려가면 깊은 곳으로 이동하여 모래펄 속에 파묻혀 겨울잠을 잔다. 봄철 수온이 17℃ 이상이 되어야 활동하기 시작하여 20℃ 이상이 되면 활발해져 탈피, 성장을 한다. 수심 10m 정도 모래바닥에서 탈피 후 암컷의 갑각이 부드러운 상태일 때 짝짓기가 이루어진다. 산란은 통상 야간에서 이른 아침에 이루어진다. 포란 시기는 5~8월로 10~30일간 포란 후에 산란하므로 산란 시기도 같다. 수명은 2~3년이며, 대표적인 식용 게로 우리 식탁에 자주 오르는 종이며 수출 종이기도 하다. 황해 연안에서는 밀물 때에 헤엄쳐 들어오고 썰물 때에 헤엄쳐 나가는 습성을 이용하여 그물을 쳐서 잡기도 한다. 갯벌에서 관찰하기는 쉽지 않으나, 어린 개체는 보통 10월경 암반 지역의 돌 틈 사이에서 종종 발견된다.

그물무늬금게 : 맑고 얕은 바다의 모래 바닥에 산다. 저조시에 몸의 뒷부분부터 모래를 파고드는 것을 볼 수 있다. 갑각의 등면은 푸른빛을 띠는 누런색이다. 그물 모양을 나타내는 적자색의 점 무늬가 있는데 그물눈이 뒤로 갈수록 더 커진다. 양옆 가장자리에는 예리한 가시 모양의 돌기가 하나씩 있다. 행동이 느린 편이다.

그물무늬금게의 등면

그물무늬금게의 앞면

달랑게 : 조간대 상부의 깨끗한 모래밭에 구멍을 파고 살며, 움직임이 매우 빠르다. 밀물 때에도 해수의 영향을 잘 받지 않는 상부 쪽에 개체군을 이룬다. 주로 밤에 활동을 하며 작은 집게다리로 모래 속의 유기물을 걸러 먹고 모래는 작은 경단을 만들어 버린다. 몸은 모래색과 비슷하며 흰색을 띠는데 햇빛을 쬐면 거무스름하게 변한다. 갑각의 윤곽은 모가 뚜렷한 사각형이다. 눈구멍은 매우 크다. 등면 한가운데에는 U자나 V자 모양에 가까운 홈이 1쌍 있다. 집게다리의 어느 한 쪽은 다른 쪽보다 훨씬 크다.

달랑게의 등면

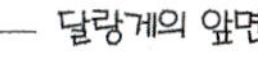

달랑게의 앞면

밤게 : 몸의 전체 모양이 먹는 밤을 절반 쪼개 놓은 모양이며, 눈이 매우 작다. 조간대 또는 하조선 근처의 모래질이나 진흙질 바닥에 산다. 행동이 매우 느리며, 건

먹이 경쟁을 벌이고 있는 밤게

밤게의 짝짓기 장면

밤게의 등면

드리면 다리를 좌우로 뻗고 죽은 흉내를 내며 움직이지 않는다. 보통의 게는 옆으로 기는데 밤게는 앞으로 기어가며 몸의 뒷부분부터 모래 속으로 잠입하는 특징이 있다. 보통 담갈색을 띠는 원형의 딱딱한 등딱지를 가지나 몸의 빛깔은 변이가 심하여 거무스름한 녹색 바탕에 진한 고동색 얼룩 무늬, 검은색을 띠는 종도 많이 있다. 갑각의 표면은 과립이 산재해 있다. 집게다리는 억세게 생겼다. 5~6월경이 되면 썰물 때에 짝짓는 모습을 볼 수 있다. 행동이 매우 느려 죽은 생물을 뜯어먹으며, 갯벌의 청소부 역할을 한다.

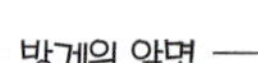

방게의 앞면

방게 : 연안 제방으로부터 150m 이내, 대기 중에 노출되는 시간이 긴 상부 조간대 지역과 하구 상부 지역의 갈대 군락 진흙질 바닥에 구멍을 파고 산다. 갑각의 윤곽은 사각형이며 그 나비는 길이보다 약간 넓다. 이마는 짧은 혀 모양이며, 넓고 깊은 세로 홈이 있다. 양옆 가장자리는 평행을 이루고 끝이 뾰족한 3개의 뚜렷한 이가 있다. 등면에 H자 모양의 홈이 뚜렷하고 여러 구역의 구분도 명확하며 매우 작은 과립들과 짧은 털이

방게의 등면

섞여 나 있다. 양 집게다리는 대칭을 이루며 수컷이 암컷보다 훨씬 크고 억세게 생겼다. 4쌍의 걷는다리 중에 제2 걷는다리가 가장 길다. 눈 아랫두둑에는 수컷이 10~19개의 사각형에 가까운 과립들이 배열되어 있고, 암컷은 20개 내외의 작은 과립들이 있다. 봄철에 출하되며 즐겨 먹는 사람이 많다. 구멍 주변에 흙을 흩트려 놓아 한 눈에 방게의 구멍임을 알 수 있고, 인기척에 매우 민감하다.

참방게의 앞면

참방게의 등면

참방게 : 조간대 상부의 진흙 바닥에 구멍을 파고 산다. 방게보다 비교적 몸이 작다. 등껍질의 등면은 앞뒤로 많이 기울어져서 볼록한 형태를 띤다. 수컷은 눈아랫두둑 위에 15~18개의 과립이 있는데 눈의 각막 밑이 크고 양옆으로 갈수록 과립은 점점 작아진다. 과립 중 맨 안쪽 4~6개는 각각 안쪽 부분이 가늘게 길어져서 서로 맞붙는다. 암컷은 18~19개의 과립들이 배열되어 있다. 바닷물이 빠지는 저조시에 구멍 밖으로 나와 유기물이 들어 있는 퇴적물을 먹는다.

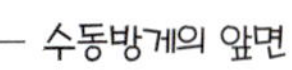
수동방게의 앞면

수동방게 : 조간대 진흙질 바닥에 구멍을 파고 산다. 일반적으로 방게와 비슷하며 한국산 방게 중 가장 작다. 눈아랫두둑에 있는 과립이 11~14개 내외이다. 각 과립은 바깥쪽으로 가늘어지면서 낮아진다. 암컷은 수컷에 비해 과립의 크기가 작고, 맨 안쪽 3개는 구분이 뚜렷하지 않다.

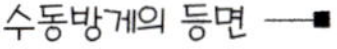
수동방게의 등면

범게 : 바다의 모래 진흙 바닥에 산다. 이 종은 전세계에서 우리 나라 황해에만 사는 종이다. 갑각의 모양은 타원형으로 이마의 한 쪽 끝을 자른 모양이다. 이 이마와 양 눈구멍 주위에 모두 11개의 가시가 있는 것이 특징이다. 갑각과 다리는 연한 황색인데 등면에 1쌍의 둥근 무늬가 적자색이다. 일반적으로 조간대 상부의 갯벌에서는 관찰하기가 쉽지 않다.

강화도 선두리에서 조류에 휩쓸려 온 범게의 패각 모습

무당게 : 내해나 하구의 진흙 바닥에 산다. 갑각의 윤곽은 가로로 길쭉한 육각형에 가깝다. 등면 전체 가장자리는 융기선으로 테가 둘러져 있다. 등면 중앙에는 1줄의 융기선이 짤막하게 3개로 끊겨 있고, 등면 전체를 가로질러 있는 점이 이 종의 특징이다.

무당게의 등면

무딘이빨게의 앞면

무딘이빨게 : 수심 20~100m 깊이의 진흙이나 모래 진흙질 밑바닥에 산다. 하부조간대 어망에 걸린 것으로 관찰하기가 쉽지 않다. 갑각의 등면은 흰색 바탕에 적자색의 작은 점무늬들이 촘촘히 널려 있다. 등면의 윤곽은 둥그스름한 사각형으로 앞뒤 방향으로 많이 굽어 볼록하고 매우 매끈하다. 양 집게다리는 비대칭이다.

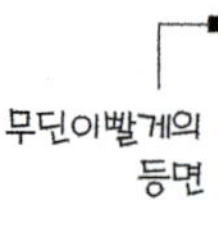

무딘이빨게의 등면

속살이게 : 몸은 얇은 막으로 이루어졌으며, 약간 석회질화되어 있다. 환형동물의 집이나 해삼, 이매패류 등의 몸 속에서 산다. 보통 갑각의 길이와 나비가 10mm 내외이며 나비가 약간 길다. 이마는 좁고 눈구멍과 눈이 퇴화되었다. 더듬이는 매우 작다.

굴속살이게는 둥그스름한 사다리꼴 모양으로 굴 속에 들어 있으나 홍합 속에 들어 있는 경우도 있고, 대합속살이게는 모서리가 없는 육각형으로 굴이나 가무락조개 속에 들어가 있다. 이처럼 반드시 이름과 같은 생물에 사는 것은 아니다. 흰해삼속살이게는 조간대 모래 진흙질에 묻혀 사는 흰해삼의 직장에 산다.

동죽 속에 들어 있는 속살이게의 앞면과 등면

엽낭게 : 조간대 상부의 모래사장에 약 20~30cm 깊이의 수직으로 구멍을 파고 산다. 바닷물이 나가고 몇 시간이 지나면, 엽낭게 구멍 주변에 먹이 활동을 하고 난 자리에는 작은 모래 경단이 무수히 흩어져 장관을 이룬다. 몸은 모래 색을 나타낸다. 갑각의 크기는 10mm 내외이며 매우 두껍고 둥그스름한 사다리꼴 형태이다. 크기나 모양이 콩과 비슷하여 콩게

엽낭게의 앞면

경단을 만드는 엽낭게

포란한 엽낭게의 뒷모습

라고 부르기도 하지만 콩게과에 속하는 엽낭게이다.

넓적콩게 : 조간대 상부의 민물이 흘러드는 진흙이 섞인 모래질에 군집을 이루며 산다. 바닷물이 나가면 집에서 나와 집단으로 양 집게다리를 올렸다 내렸다 하는 운동을 반복한다. 갑각의 크기는 10mm 내외이며, 모양은 이마 쪽이 둥그스름하고 가로로 길쭉한 사각형인데 뒤로 갈수록 폭이 좁아진다. 등면 가장자리는 선으로 테를 두른 것 같다.

넓적콩게의 앞면

펄털콩게 : 조간대의 비교적 높은 곳의 진흙 바닥에 구멍을 파고 산다. 갑각의 크기는 10mm 내외이며, 윤곽은 뒤가 약간 넓은 가로로 길쭉한 사각형이다. 이 종의 특징은 갑각 등면이 세로로 오목한 부분을 제외하고 가로로 여러 줄의 과립이 배열되어 있는데, 이 중 뚜렷한 것은 5줄 정도이다. 이들 과립에는 짧은 털이 나 있다. 등면 뒷부분의 옆 가장자리 가까운 곳에 세로로 짧은 과립선이 있는데 여기에도 털이 있다.

펄털콩게의 등면

여섯니세스랑게 : 조간대 상조선의 진흙이나 모래 속에서 산다. 엽낭게를 촬영하던 중에 모래 속에서 발견하였다. 갑각의 크기는 10mm 내외이며, 윤곽은 가로로 길쭉한 육각형에 가깝다. 갑각의 등면은 약간 부풀었으며 길고 짧은 두둑으로 울퉁불퉁하고 짧은 털이 나 있다.

여섯니세스랑게의 앞면

여섯니세스랑게의 등면

엽길게 : 조간대 하조선 근처의 모래 진흙질에 있는 환형동물의 U자 모양의 집 속에 들어 있는 것을 볼 수 있다. 갑각은 가로가 세로보다 2배 정도 길쭉하고, 모양은 모가 둥그스름한 직사각형이다. 걷는다리 중에서 제2 걷는다리가 가장 길어 갑각 길이의 약 3배에 가깝다.

엽길게의 앞면

유령갯지렁이 굴에서 나온 엽길게의 모습

자게 : 조간대 하부의 진흙이나 모래바닥에 산다. 갑각의 윤곽은 삼각형 또는 오각형이다. 눈구멍은 작은 원형으로 뚜렷하다. 집게다리는 보통 걷는다리보다 훨씬 크고 억세게 생겼으나 자유롭게 움직이지는 못한다. 등면에는 사마귀 모양의 돌기들이 있다.

자게의 앞면

칠게 : 갯벌에서 흔하게 보는 종으로 수분 함량이 비교적 높은 진흙질 바닥에 구멍을 파고 산다. 일반적으로 암컷은 수컷보다 작다. 갑각의 등면은 거꾸로 된 사다리꼴 모양이고 긴 털이 있는 과립선이 세로로 2줄이 있고, 중앙에 뚜렷한 세로홈이 있다. 눈구멍은 넓고 긴 홈통 모양이다. 양 집게다리는 대칭을 이루는데 수컷은 암컷보다 크고 모양도 매우 다르다. 집게다리의 움직이는 손바닥(가동지)에 과립이 있는 1개의 넓은 톱니가 있다. 조간대의 진흙질 바닥에 구멍을 파고 높은 밀도로 군집을 이룬다. 저조시에

칠게의 등면

나와 먹이를 먹는데 자기 구멍에서 멀리 떠나지 않는다. 수컷은 저조시 먹이 활동 중 집게다리를 올렸다 내렸다 한다. 시각이 매우 예민하여 사람이 지나가면 약 20m 밖에서도 재빨리 구멍으로 들어가 버린다. 5~8월이 포란기이다. 물이 빠진 저조시에 구멍에서 나와 개흙 속의 유기물을 골라 먹는 퇴적물 섭식자이다. 등면과 다리에는 길고 짧은 털들이 나 있다.

칠게의 수컷

포란한 칠게

새우류 : 몸 앞부분이 크고, 가슴과 머리 부분을 한꺼번에 매끄러운 껍질이 덮고 있으며, 여러 개의 몸마디로 되어 있다. 몸은 머리, 가슴, 배의 3부분으로 이루어져 있는데 머리와 가슴은 융합하여 머리가슴을 이룬다. 몸은 가늘고 길며 머리가슴은 몸길이의 반보다 짧다. 배는 잘 발달하여 크며 좌우 대칭이고 머리가슴 밑으로 접혀 있지 않다. 배의 끝부분은 좌우 대칭인 꼬리부채를 이룬다. 야행성으로 먹이도 밤에 찾는 경우가 많으며 잡식성이다. 새우는 다리가 10쌍이며, 몸 뒷부분에는 여러 개의 관절을 갖춘 복부가 있다. 운동기관은 가슴다리, 배다리, 배 전체이다. 복부 마디의 다섯 번째 마디까지는 헤엄치는 데 쓰이는 '유영지'이고, 가슴 부분에 5쌍의 다리는 보통 바닥을 기어다닐 때에 사용하므로 '보각'이라고 한다. 머리 부분에는 2쌍의 턱뼈가 있어서 먹이를 먹는 데 사용한다. 눈은 눈자루에 달려 있어서 게류의 눈과 비슷한 모양을 하고 있다. 보통은 천천히 앞으로 이동하지만

위급할 때에는 배를 굽혔다 폈다 하면서 재빠르게 후퇴하는 습성이 있다.

새우류의 동물들은 얕은 바다의 펄이나 모래 바닥에 구멍을 파고 들어가 산다. 조간대에서도 흔히 볼 수 있다. 바다에 사는 종은 조간대에서 심해에 이르기까지 널리 분포한다. 새우류는 무리를 지어 사는 습성이 있으며, 연안을 비롯한 대륙붕의 유기 물질이 많이 포함된 모래나 진흙질 바닥, 연안의 해조가 많은 곳, 하구에 사는 종들이 있다. 여름철에는 연안이나 얕은 곳으로, 겨울철에는 깊은 곳으로 이동하는 경향이 있다. 산란을 위해 봄이나 초여름에는 연안이나 내해의 얕은 곳으로 오는 종이 있다.

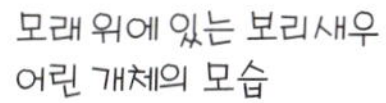
모래 위에 있는 보리새우 어린 개체의 모습

보리새우 : 주로 잔잔하고 얕은 만에서 100m 정도 깊이까지의 모래 바닥에 산다. 몸의 빛깔은 연한 청색에서 붉은 갈색까지 여러 가지이다. 몸에는 머리가슴에서부터 꼬리마디에 걸쳐 10줄 가량의 진한 가로 무늬가 있고, 머리와 가슴을 감싸고 있는 큰 껍질에도 무늬가 있다.

붉은줄참새우 : 조간대의 모래 진흙질에서 관찰할 수 있다. 이마뿔은 비교적 길고, 거의 수평으로 뻗으며 끝 가까이에서 약간 위로 향한다. 윗가장자리에 11개 내외의 이가 있다. 제2 가슴다리는 집게를 가지고 있으며 제일 길다. 머리가슴과 배의 표면이 매끈하다.

모래 진흙질 갯벌 위를 기어가고 있는 붉은줄참새우

갯벌 위를 기어가는 딱총새우

딱총새우 : 조간대의 모래 진흙 바닥에 흔히 있다. 갑각은 매끈하고 가시를 지니지 않는다. 이마뿔은 짧고 뾰족하다. 눈은 갑각으로 덮여 있으며 볼록하게 튀어나와 있다. 꼬리마디는 끝이 부채 모양이고 그 끝에는 긴 털들이 촘촘히 나 있다. 제1 가슴다리는 집게로 이루어져 있고, 좌우 비대칭으로 서로 크기가 다르며 솜털로 덮여 있다. 작은 쪽 제1 가슴집게다리는 가동지(집게다리의 집게 중 움직이는 아래쪽)와 부동지(집게다리의 집게 중 움직이지 않는 위쪽)가 닫히면 렌즈 모양의 넓은 틈이 생기고 끝이 서로 어긋난다. 탄산칼슘으로 된 단단한 껍질을 가지고 있는데, 성장을 하려면 탈피를 통해 딱딱한 껍데기를 벗어야만 한다. 딱총새우는 같은 종끼리 서로 신호를 보내기 위해 딱딱하는 소리를 내는데, 이 때문에 딱총새우라는 이름을 얻은 것 같다.

긴발딱총새우 : 조간대 얕은 곳의 진흙질 바닥에 산다. 갑각은 매끈하고 이마뿔 외의 가시를 가지지 않는다. 딱총새우류 중 이마뿔의 길이가 비교적 길다. 눈이 갑각으로 덮여 있고 볼록 튀어나와 있다. 제1 가슴다리는 매우 크고 좌우 비대칭이며 집게가 있다. 왼쪽의 제1 가슴다리는 오른쪽 제1 가슴다리보다 훨씬 길고, 딱총새우나 큰손딱총새우의 것보다 훨씬 가늘고 길다.

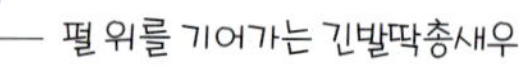

펄 위를 기어가는 긴발딱총새우

큰손딱총새우 : 조간대의 모래 진흙질 바닥에 많이 있다. 갑각은 매끈하고 가시가 없다. 이마는 돌출되어 있고 이마뿔은 매우 작고 뾰족하다. 제1 가슴다리는 집게를 이루며 좌우 비대칭이고, 털로 덮여 있지 않다. 큰 쪽의 집게가슴다리는 갑각 길이의 약 1.8배이다.

모래 진흙 위의 큰손딱총새우

배 쪽에서 보는 큰 쪽의 집게가슴다리의 모습

자주새우 : 내해, 내만의 얕은 바다에 살며, 깨끗한 모래 갯벌에서 관찰된다. 몸의 등면에 흑갈색 색소포가 많이 분포하며, 매끈하다. 갯벌에서 관찰되는 다른 새우류에 비하여 전체적으로 몸통이 납작하다. 이마뿔은 작고 두툼하며, 배는 갑각 길이의 2배 정도이다. 모래 갯벌의 주변 색과 비슷하여 세심하게 관찰하지 않으면 찾기 힘들다.

모래 갯벌 위의 자주새우

포란한 자주새우의 모습

모래 속을 파고 들면서 자신의 모습을 감추고 있는 자주새우

밀새우 : 주로 조간대 진흙이 섞인 모래질에서 관찰된다. 몸의 색깔은 전체적으로 희고 청록색의 작은 점들이 골고루 퍼져 있다. 이마뿔은 날카롭게 생겼다. 이마뿔 절반 정도를 차지하

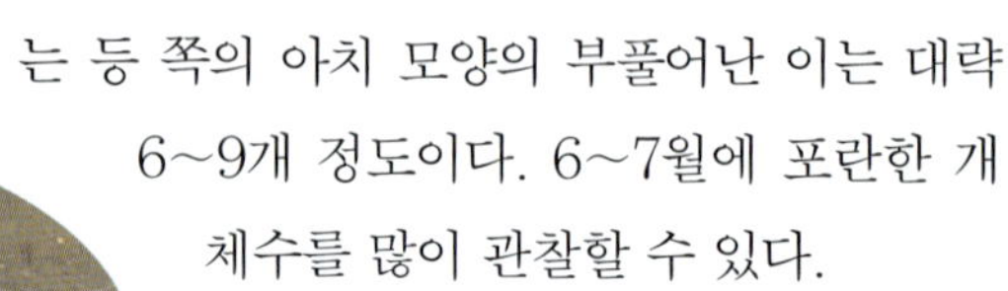

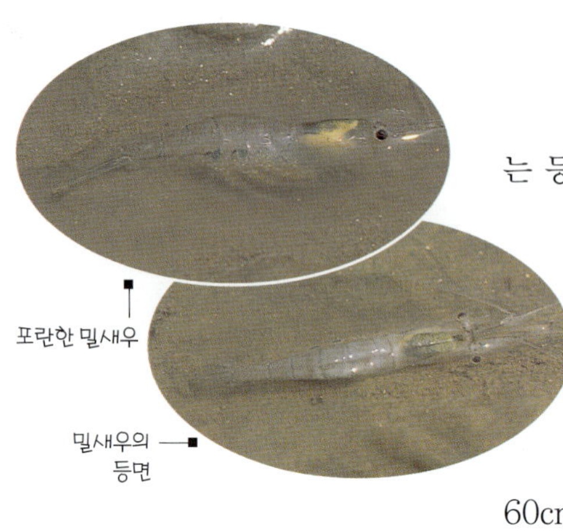

포란한 밀새우

밀새우의 등면

는 등 쪽의 아치 모양의 부풀어난 이는 대략 6~9개 정도이다. 6~7월에 포란한 개체수를 많이 관찰할 수 있다.

연체동물

가리맛조개 : 조간대 펄 갯벌에 30~60cm 깊이의 직선형 조개 구멍을 파고 산다. 연한 황색의 껍질은 깨지기 쉬우며 표피는 주름져 있고 꼭지 부분은 표피가 벗겨져 회백색이 드러나기도 한다. 가늘고 긴 사각형 모양에 앞 뒤 끝이 열려 있다. 패각의 내면은 백색이다. 인대는 밖에 있고, 수관은 가늘고 길며 끝이 갈라져 있고 백색이다. 서해 연안에 많이 서식했으나 근래에 와서는 해수의 오염으로 전혀 서식하지 않는 곳도 많다. 껍데기를 벗긴 연체부를 '맛살'이라고 하여 식용한다. 물이 차면 갯벌 표면에 입수관과 출수관을 내놓고 물 속의 유기물을 걸러 먹는다. 앞뒤로 긴 주머니칼 모양을 하고 있어서 Jack knife 조개라고도 부른다. 입수관과 출수관의 흔적 때문에 갯벌 표면에 8자 모양의 구멍이 생기는 특징이 있다.

속살을 드러낸 가리맛

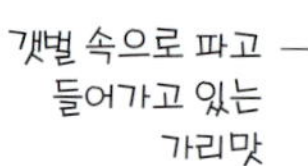

갯벌 속으로 파고 들어가고 있는 가리맛

맛조개 : 서해 조간대의 해수 유통이 잘되는 진흙이 약간 섞인 모래 지역에 서식한다. 길이가 120mm 정도로 길고 납작하게 생긴 원통형이다. 맛조개류 중 길이가 긴 편이다. 패각은 얇고 깨지기 쉬우며 고운 명주실 같은 성장선이 있다. 패각 표면은 전체적으로 광택이 나는 담황갈색이며 표면이 벗

겨져 안쪽의 흰 껍질이 드러나기도 한다. 인대는 흑색으로 길고 패각의 내면은 백색이다. 날로 먹거나 건조시켜 이용한다. 구멍에 소금을 넣으면 밖으로 튀어나오는 성질을 이용하여 조개를 잡는다. 갯벌에 30cm 정도의 길쭉한 직선형 구멍을 파고 산다.

맛조개

돼지가리맛(갈맛조개) : 맑은 조수가 드나드는 조간대 고운 모래 갯벌에 산다. 패각은 긴 타원형이다. 표면은 갈색을 나타내지만 오염 물질에 의해 부분적으로 검은색 등을 띠기도 한다. 가운데 부분은 성장선 사이로 세로줄 무늬가 있는데 각 성장선 사이마다 불규칙하게 교차되어 나타난다. 마치 평행사변형 조각을 붙여 놓은 것처럼 보인다. 살이 많아 통통하다.

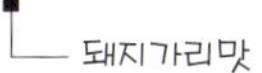
돼지가리맛

가무락 조개 : 모래가 많이 섞인 갯벌 속의 10cm 내외의 깊이에 산다. 패각은 원형에 가깝게 둥글고 두꺼우며, 위쪽이 한 쪽으로 약간 꼬부라져 있다. 두꺼운 조가비의 표면은 가로로 둥글고 가는 성장선이 뚜렷하고 섬세하다. 각정은 비교적 작고 앞쪽으로 향해 있다. 떡조개와 비슷하나 더 부풀어 있다. 모시조개라고도 하며, 패각의 표면이 검다고 해서 가무락이라고 한다.

가무락 조개

갈색새알조개 : 모래가 섞인 펄 갯벌의 조간대 고조선 근처에 주로 산다. 패각은 갈색을 띠며, 성장선이 뚜렷하게 나타난다. 이 종은 담수의 영향을 받아서 비교적 염분 농도가 낮

퇴적물 속의 갈색새알조개

무리를 이룬 갈색새알조개들

은 곳에서 주로 관찰된다. 갯벌 표면에서 10cm 깊이 이내에 주로 산다.

꼬막 : 우리 나라의 서해안과 남해안에 분포하고 있으며, 파도의 영향을 적게 받는 조간대의 연한 사니질이나 니질의 펄에 서식한다. 겉면에 17~18줄의 아주 두꺼운 방사륵이 있다. 조가비의 안쪽은 백색이고, 육질의 색은 붉은 편이다. 여름에 산란한다. 보성만, 순천만 등이 주산지이며, 특히 벌교는 꼬막이 많이 생산되는 곳이라서 큰 잔치나 제사상에 반드시 꼬막을 올린다. 살짝 익혀서 먹는 꼬막은 전라도의 향토음식으로도 유명하다. 꼬막은 화석이나 패총에서도 많이 발견되고 있다.

꼬막의 인대 쪽 모습

패각을 벌리기 시작하는 꼬막

새꼬막 : 연안의 조간대 펄에 산다. 크기는 피조개와 꼬막의 중간이다. 방사륵(세로줄)은 보통 32줄 내외이다. 오른쪽 패각의 방사륵은 매끈하나 왼쪽의 방사륵에는 과립이 있는 것이 특징이다. 패각의 표면은 갈색의 표피로 덮여 있고, 방사륵 사이에는 털이 조밀하여 비늘처럼 보인다. 양식을 많이 한다.

새꼬막

새꼬막의 인대 쪽 모습

피조개 : 담수가 섞이지 않고 적당한 조류가 있는 내해의 조간대 펄에 산다. 방사륵(세로줄)이 42~43줄(39~44줄) 내외로 갈색의 털로 덮여 있다. 방사륵 사이에는 비닐 끝에 가시가 달린 것 같은 암갈색의 털이 나 있다. 방사륵은 가는 가로선과 교차하여 과립을 이루며 거칠다. 이 종은 체액에 적혈구를 가지고 있어 혈액이 붉게 보이기 때문에 피조개라고 부른다. 길이 120mm까지 성장한다. 7~10월에 산란하며, 그 수가 90만~3,000만 개 정도이다.

피조개

피조개의 인대 쪽

떡조개 : 조간대 모래질에 서식하며 서 · 남해안에 흔한 종이다. 모양은 원형에 가깝고, 회백색 바탕에 암갈색의 굵은 가로 무늬가 규칙적이며 섬세하다. 구슬우렁이 같은 해적 패류에게 피습되어 패각에 구멍이 뚫려 있는 것을 볼 수 있다. 패각은 약품 용기, 바둑돌을 만들고 태워서 만든 석회는 고급 도료 등에 쓰인다. 속살은 맛이 좋아 여러 가지 요리에 사용한다.

떡조개

떡조개의 인대 쪽 모습

동죽 : 조간대의 모래나 펄에 서식한다. 패각은 높은 삼각형 모양이며 좌우로 부풀어 있다. 표면에는 가로선이 일정한 간격으로 배열되어 있다. 패각의 색깔은 각정 부분은 회백색이고 나머지는 연한 갈색을 띠고 있으나, 성체의 표면은 오염 물질 때문에 검은색을 띠기도 한다. 산란은 5~10월에 이루어진다. 성장은 봄이 왕성한 시기, 산란기 이

동죽

동죽의 인대 쪽 모습

퇴적물 속의 동죽
오염 물질 때문에 표면이 검게 변했다.

도끼날 같은 발을 이용하여 갯벌 속으로 파고 들어가고 있는 동죽

후 여름과 가을에 성장이 둔화되는 시기, 겨울에 성장이 멈추는 시기 등으로 연중 3회의 성장을 보인다. 보통 5cm 정도의 얕은 갯벌 속에서 다른 조개와 마찬가지로 입수관을 빼 놓고 물 속의 유기물을 걸러 먹는다. 입수관으로 해수를 취하고 해수와 함께 들어온 먹이를 아가미 점액으로 감싼 뒤, 입으로 가져간다. 바지락이나 백합, 개량조개와 같이 모래질 간석지에 공통으로 분포하지만 양적으로는 사니질 간석지에 더 많다. 내장에 모래가 많이 들어 있다. 식용하는 것은 대체로 3~4년 정도 자란 것이다.

민들조개 : 깨끗한 모래질의 조간대 상부에 산다. 패각의 모양은 삼각형이다. 표면은 고운 성장선이 불규칙하게 있어 거칠게 보이며, 각정으로부터 굵은 갈색 방사선이 3줄 있는 것이 특징이다. 이 줄은 각정에서 멀어질수록 넓어진다.

민들조개

바지락

바지락의 인대 쪽 모습

바지락 : 조간대의 자갈이 많이 섞여 있는 갯벌 바닥에 서식한다. 저조시 4~5시간 노출되는 곳에 많이 산다. 패각의 형태나 색채의 변이가 심하고 특히 무늬에 있어서 좌우 양각이 판이하게 다른 개체가 간혹 있다. 이와 같은 사실은 좌우 대칭인 동물에서는 매우 희귀한 예이다. 표면상의 다채로운 무늬는 삶거나 햇빛에 오래 노출시키면 변색하여 대체로 갈색으로 변한다. 패각은 타원형으로 앞 끝은 좁고 얇으며, 뒷부분은 넓고 두껍다. 패각 표면에는 가는 가로줄이 치밀하게 있고, 가로줄보다 조금 약한 성장선이 교차하여 그물 모양의 과립을 이루는데 각정 부근에는 약하나 갈수록 굵어져서 뚜렷한 돌기를 이룬다. 입수관을 통하여 들어온 해수를 여과하여 바닷물을 정화시키는 역할을 하는 부유물 식자이다. 산란은 6~9월이다. 인천의 선재도는 우리 나라의 단위 면적당 바지락 생산량이 가장 많다. 바지락은 이용하는 패류 중에서 굴 다음으로 생산고가 높고 생활력이 강하며 요즈음은 양식도 하고 있다.

빛조개

빛조개 : 조간대 모래가 많이 섞인 곳에서 주로 산다. 납작하고 둥글며, 오른쪽 패각이 왼쪽 패각보다 납작하다. 패각의 표면은 매끄럽고 광택이 나며, 짙은 자색 바탕에 검은색의 가로줄 무늬가 연

속적으로 있다. 패각 표면이 석양의 서쪽 하늘 모습처럼 보여 붙여진 이름이다. 식용으로 이용된다.

백합

백합 : 조간대의 모래나 진흙에 산다. 패각은 앞뒤가 다소 짧은 둥근 삼각형으로 껍질이 매우 두껍다. 패각 표면에는 성장륵이 새겨져 있으나 분명하지 않고 'ㅅ' 무늬가 있는 개체가 많다. 색깔은 회갈색 또는 담황색 등이나 변이가 심하다. 패각의 내면은 흰색을 띠고 있다. 비슷한 종으로 말백합이 있으나 구별하는 것이 매우 어렵다. 백합류는 서해안에서 양식을 많이 하고 있다.

백합의 인대 쪽 모습

애기접시조개 : 조간대 모래 갯벌에서 많이 볼 수 있다. 패각은 소형이며 연분홍빛을 나타낸다. 표면은 매끄럽고 광택이 난다. 가로로 매우 가는 세밀한 성장륵이 많이 나 있다.

조간대 모래밭에서 촬영한 애기접시조개의 패각

검정비틀이 고둥 : 담수의 영향을 받는 조간대 상부의 펄에 산다. 패각은 높은 원추형으로 나탑은 10층이다. 각층은 부풀어 있어서 명확하다. 패각은 연한 흑색을 나타내지만 성체의 경우 그 표면이 닳아 없어진 것이 많다.

갈대밭에 흙덩어리처럼 뭉쳐 있는 검정비틀이 고둥

펄 속에 파묻힌 검정비틀이 고둥

댕가리 : 바위나 자갈이 있는 조간대 상부의 모래펄에 산다. 패각은 탑 모양의 원추형으로 나층은 11층 내외이다. 나층에는 가늘고 긴 융기선이 많다. 갯고둥과 비슷하지만, 외순은 백색의 얇은 활층(미끄러운 판(板) 모양)으로 되어 있고, 내순은 활층이 발달하지 않은 점으로 구분된다. 입구가 작고, 나층 사이에 흰줄무늬가 있다.

댕가리

댕가리의 뚜껑 쪽 모습

모래밭에 댕가리가 개체군을 형성하고 있는 모습

민칭이 : 조간대 진흙이 많고 물기가 많은 갯벌 표면을 기어다니며 산다. 몸 속에서 체액을 내기 때문에 만져보면 미끄럽고 끈적거린다. 이는 방어 수단으로 화학 물질을 분비함으로써 자신의 몸을 보호하는 것이다. 패각은 얇고 반투명하며 부서지기 쉽고 타원형으로 엷은 황색이나 백색을 띤다. 나탑이 없다. 패각 표면은 매끄럽고 전체에 희미한 가로와 세로의 융기선들이 교차되어 있다. 뚜껑이 없고, 연체부는 크기 때문에 내장낭의 일부만이 패각 속에 있고 나머지 부위는 항상 노출되어 있다. 갯벌의 표층 바로 밑에서 기어다니기 때문에 펄 덩어리들이 움직이는 것처럼 보인다. 밀물이 되어 바닷물이 들어오면 갯벌 흙 속으로 숨어 바다생물에게 잡아먹히는 것을 피한다. 중국에서는 음식 재료로 사용하기 때문에 양식을 하

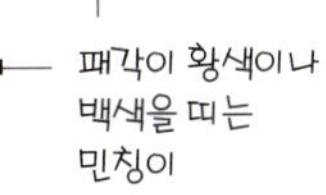

패각이 황색이나 백색을 띠는 민칭이

뻘 덩어리가 이동하는 듯한 모습을 보여주는 민칭이의 이동 모습

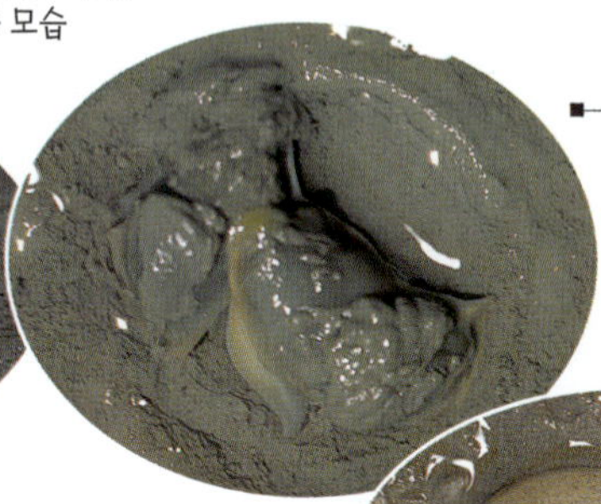

짝짓기 하는 민칭이

꼬리가 달린 형태를 보이는 민칭이의 알

갯벌 위에 널려 있는 민칭이의 알

민칭이의 패각

방어 능력이 부족하여 왕좁쌀무늬고둥에게 포식 당하는 민칭이의 알

기도 한다. 늦은 봄 달걀 모양의 민칭이 알이 갯벌에 널려 있는데 조수에 떠내려가지 않도록 고둥의 족사 구실을 하는 심지를 흙 속에 파묻고 얕은 물이 고인 곳에 둥둥 떠 있다.

비단고둥 : 조간대의 모래질에 주로 산다. 패각은 주산알 모양으로 껍질이 얇다. 담황색 바탕에 세로로 긴 흑갈색 무늬가 균일하게 배열되어 있다. 바닥은 평평하며 제반 쪽은 굵고 단단한 활층이 동그라미 모양이다. 동그라미의 반은 백색이고 반은 연한 황색을 띠는 것이 특징이다.

비단고둥의 패각 표면

비단고둥의 뚜껑 쪽 모습

서해비단고둥 : 조간대의 모래질에 주로 무리지어 산다. 서해안 갯벌에서 볼 수 있는 우점종의 하나이다. 작고 납작한 원추형으로 껍데기는 두텁고 단단하다. 패각 표면은 황백색 바탕에 섬세한 물결 모양이 있고 윤이 난다. 껍데기의 바탕색이나 무늬가 매우 다양하다. 비단고둥과 다른 특징은 패각의 아래 내순 부분이 백색의 활층을 나타내고, 제반 쪽은 중앙 전체가 백색을 띠는 것이 특징이다. 그 주위를 황갈색의 곧은 선들이 바깥쪽 방향으로 뻗어 있다. 북한에서는 이들을 비단골뱅이라고 한다. 형태적으로 유사하게 생긴 종으로 비단고둥이 있는데, 서해비단고둥보다 크기가 약간 크고 제주도와 남해안의 모래 해안에 산다.

갯벌 표층에 그림을 그리듯 흔적을 남긴 서해비단고둥

서해비단고둥의 패각 표면

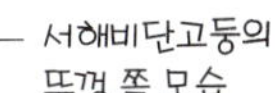
서해비단고둥의 뚜껑 쪽 모습

흑비단고둥 : 비단고둥이나 서해비단고둥과 외형이 매우 비슷하다. 두 종과 구분되는 점은 뚜껑 쪽의 내면이 진주 광택이 나며, 제반 쪽의 전체 동그라미 모양이 짙은 황색을 띠고 있다.

흑비단고둥의 패각 표면

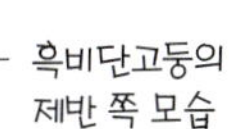
흑비단고둥의 제반 쪽 모습

왕좁쌀무늬고둥 : 펄에 산다. 우리 나라의 갯벌에서 흔하게 볼 수 있다. 패각은 두껍고 단단하며 높은 원추형으로 나층이 8층이다. 나층은 부풀지 않았고, 표면에는 가로 융기선과 세로 융기선이 서로 교차하며 굵은 과립이 있다. 패

왕좁쌀무늬고둥

죽은 바지락과 망둑어에 모여드는 왕좁쌀무늬고둥

죽은 거미불가사리를 먹고 있는 왕좁쌀무늬 고둥

각 입구의 내순과 외순은 두껍고, 내면에는 4개의 주름이 있다. 겉표면에 좁쌀무늬의 돌기가 있어 '좁쌀무늬고둥'이라 한다. 좁쌀무늬고둥류는 갯벌에서 죽어가거나 죽은 생물에게 수십 마리가 한꺼번에 달라붙어서 먹고 사는 청소부의 역할을 한다.

언덕좁쌀무늬고둥 : 조간대 아래에 산다. 패각은 두껍고, 나탑은 높은 원추형으로 9층이다. 뚜껑은 황색 각질로 타원형이다. 이 종의 특징은 나탑의 각층에 굵은 백색으로 된 세로줄의 주름이 있다.

언덕좁쌀무늬 고둥

피뿔고둥 : 내해 조간대의 모래나 펄 바닥 또는 바위 밑에 산다. 패각은 크고 단단하며, 나탑은 낮고 6층이다. 패각의 입구는 내순이 발달해 있고 내면은 주황색을 띠고 있다. 남해안과 서해안에 많이 서식하

언덕좁쌀무늬고둥의 뚜껑 쪽 모습

고 패각은 주꾸미 어획 용구로 널리 이용되고 있다. 조개를 잡아먹기 때문에 양식장에 피해를 준다. 흔히 소라라고 부르는데 이는 연체동물 중 복족류에 속하는 동물들의 총칭이다. 좁은 뜻으로는 복족류 중 나선 모양으로 된 껍데기를 가진 동물을 총칭한다. 한자로는 '라' 또는 '나사'라 하고 우리말로는 '소라' 또는 '고둥'이라 한다. 그러나 소라는 다른 종으로 주로 바위에 붙어 살며 표면에 긴 가시 모양의 돌기가 있다. 패각의 표면은 거칠고 광택이 없으며, 갈색 또는 녹갈색을 띤다. 패각의 입구는 둥글고 외순은 얇으며, 내순은 넓고 활층이다. 내면은 백색으로 진주 광택이 난다. 소라는 서식처에 따라 파도가 센 곳에 사는 돌기(뿔)가 있는 유극형과 파도가 없는 내만에 사는 무극형이 있다. 뚜껑은 석회질로 두껍고 단단하며 핵을 이루는 나선형의 무늬가 한쪽에 치우쳐 있다.

피뿔고둥의 패각 모습

피뿔고둥의 뚜껑 쪽 모습

갯우렁 : 조간대 중 · 하부의 펄에 주로 산다. 패각은 높은 원추형으로 나층은 6층이다. 민물에 사는 우렁이와 매우 비슷하나 색깔이 전체적으로 옅은 회색을 띤다. 각정은 흑청색이나 아래로 내려갈수록 색이 옅어져서 회색이다. 큰구슬우

갯우렁의 뚜껑 쪽 모습

발을 넓게 빼놓은 갯우렁

갯벌 속으로 파고드는 갯우렁

렁이와 같이 갯벌에서 조개를 잡아먹는 육식성 포식자이다.

큰구슬우렁이 : 조간대 하부의 고운 모래펄 바닥에 산다. 패각은 높이보다 폭이 넓고 두꺼운 타원형이다. 나탑은 5층이지만 가장 아래층이 대부분을 차지하며 낮다. 갈색 표면은 매끈하며 광택이 나고, 패각의 아래쪽은 백색이다. 뚜껑은 갈색의 각질이며 핵은 한쪽에 치우쳐 있고 크다. 잘 발달한 넓적한 발 근육으로 다른 조개의 온 몸을 감싸고, 산액을 분비하여 치설(혀)로 껍질에 구멍을 뚫어 잡아먹기 때문에 패류 양식장에서는 해로운 패류로 알려져 있다. 여름과 가을 사이에 산란을 한다.

큰구슬우렁이의 알집

큰구슬우렁이의 뚜껑 쪽 모습

갯벌 속의 큰구슬우렁이의 발 모습

큰구슬우렁이의 패각

갯벌에서 관찰할 수 있는 두족류는 보통 낙지, 꼴뚜기, 주꾸미 등이다. 헤엄치기에 적합한 구조를 가지고 있으며, 연체동물 중 가장 발달하였다. 몸은 좌우 대칭이고, 피부에 색소세포가 발달하여 환경에 따라 색깔이 변한다. 머리, 몸통, 발의 세 부분으로 구분되는데 발이 머리 부분에 달려 있어 두족류라 한다. 두족류는 고도로 발달된 머리와 눈을 가졌으며, 머리와 입 주위에 8개 또는 10개의 발이 있다.

낙지 : 조간대 암반의 돌 밑이나 모래 또는 진흙질 펄 속에 깊이 굴을 파고 산다. 크기가 약 600mm 정도로 몸은 가늘고 길다. 팔은 8개로 가늘고 길며, 밖으로 내어 먹이를 잡는다. 보통 펄 위에서 구멍을 보고 펄 속의 낙지를 삽질하여 잡는다. 조간대 암반 근처의 모래질에서 지렛대의 원리를 이용하여 큰 돌을 치우고 밑에서 낙지를 잡기도 한다.

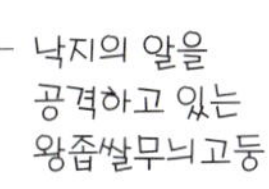
낙지의 알을 공격하고 있는 왕좁쌀무늬고둥

모래 갯벌 위를 기어가는 낙지

귀꼴뚜기 : 조간대 모래 바닥에서 위장하고 살아간다. 몸은 돔형으로 양옆 중앙에 넓다란 지느러미가 귀처럼 붙어 있다. 몸 표면에 흑갈색의 색소포가 조밀하게 배열되어 있다. 눈 사이와 머리 쪽이 더욱 진하다. 귀오징어라고도 한다.

귀꼴뚜기

주꾸미 : 조간대 바위 틈이나 수심 50m 내외에 서식하며 주로 야행성이다. 서해 남부 연안의 사니질인 곳에 많다. 몸 빛깔은 변화가 심하다. 눈과 눈 사이에 긴 사각형의 무늬가 있다. 눈 아래 양쪽에 바퀴 모양의 동그란 무늬가 있으며 색깔은 모두 금색으로 되어 있다. 우리 수산물은 회갈색의 반점이 선명하고 눈 아래 양 측면에 금테 모양의 반점이 있으며 다리의 흡판이 대체로 작다. 반면 수입물은 흑갈색의 반점이 있

영종도 덕교리 갯벌에서 관찰된 주꾸미의 앞면

주꾸미의 옆면

위험하면 몸을 뒤집어 전혀 다른 모습을 보여 주는 주꾸미

모래 속으로 파고 들어 가고 있는 주꾸미

고, 눈 아래 양 측면에 검은 반점이 있다. 다리의 흡판이 대체로 크다. 수심이 얕고 사니질인 곳에서 소라 껍데기 같은 조개 껍데기에 숨어서 살거나 산란한다. 다리가 8개로 팔은 거의 길이가 같으며, 독이 있는 것도 있고 색깔을 변화시켜 몸을 위장하기도 한다.

올빼미군소붙이 : 썰물 때 조간대의 깨끗한 모래 갯벌 20~30cm 속에 산다. 몸을 보호하는 패각이 없으며, 말랑말랑하고 매끈하다. 말미잘을 잡아먹고 사는 것으로 알려져 있다.

올빼미군소붙이

극피동물

검은띠불가사리 : 주로 천해에 사는데 하부 조간대의 모래나 진흙 바닥에서 가끔씩 관찰된다. 중앙의 몸통 부위(반)는 작다. 비교적 좁고 긴 5개의 팔은 편평하며 유연하다. 몸은 전체적으로 황갈색이나 담회색을 나타내는데, 팔 끝에서 몸통 부위까지 검은색 띠가 있다.

모래 갯벌 위에서 관찰된 검은띠불가사리

뿔거미불가사리 : 저조선 근처의 모래진 흙이나 모래 바닥에 많다. 등 쪽의 색깔은 연한 적자색으로 중심으로 갈수록 짙어진다. 반은 원 모양이며, 완(팔)의 길이는 반의 직경에 3~4배 정도이다. 반의 가장자리에 원뿔 모양의 판이 5쌍 있다.

모래 위를 기어가고 있는 뿔거미불가사리

뿔거미불가사리의 배 쪽

넓은팔비늘거미불가사리 : 조간대와 저조선 사이의 모래와 모래진흙 속에서 산다. 팔이 매우 길어서 반 직경의 15~20배 정도이다. 오각형 모양의 반은 부드러운 피부로 덮여

넓은팔비늘거미불가사리의 등 쪽

넓은팔비늘거미불가사리의 배 쪽

있고 그 위에 뾰족한 극이 많이 나 있다. 반과 완이 이어지는 부분의 가장자리 위에는 작은 비늘이 겹쳐서 덮여 있다.

모래무치염통성게 : 열대 지역을 제외한 전세계에 널리 분포하고 있으며, 저조선 아래의 모래진흙 지대에 산다. 색깔은 황갈색에서 황백색을 띤다. 소형이며 심장 모양이나, 위에서 보면 원 모양에 가깝다.

모래무치염통성게의 등면

모래무치염통성게의 배면

가시닻해삼 : 조간대의 진흙이 섞인 모래질 속 깊이 10cm 이내에서 산다. 몸은 긴 원통 모양이고 말랑말랑하며 다소 투명하게 보인다. 머리 쪽에서 꼬리 쪽으로 굵은 줄무늬가 여러 개 있다. 몸통 표면은 닻이라 부르는 작은 돌기로 덮여 있어 만지면 꺼칠꺼칠하다. 입 쪽에 12개의 작은 촉수가 있고 그 끝에는 작은 돌기가 있다. 손으로 만지작거리면 몸 속의 물을 빼고 홀쭉해지며, 스스로 몸을 잘라버리는 속성이 있다.

가시닻해삼

완족동물

살아 있는 화석으로 불리는 생물 중 갯벌에서 가장 흔하게 볼 수 있는 종은 **개맛**이다. 패각이 좌우로 있어 이매패류와 비슷하지만,

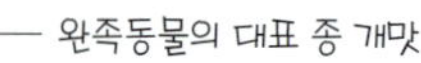

완족동물의 대표 종 개맛

배 쪽 패각이 등 쪽의 것보다 크고 육질의 병부(방망이 모양의 발)가 붙어 있다. 검은 초록색 껍질 주변으로 가느다란 실 모양의 촉수들이 있다. 개맛류는 병부를 진흙 속에 파묻고 사는데 5억 년 동안이나 변함없이 지금과 같은 모습을 지키며 생활하고 있다. 우리 나라 서해안에 많이 나는 개맛은 모래가 많이 섞인 갯벌에서부터 수심이 깊은 조하대까지 폭넓게 서식한다.

척추동물

어류 : 대부분 유영 생활을 하기 때문에 저서 생활을 하는 종은 그리 많지 않다. 갯벌에서 썰물 때에 관찰할 수 있는 저서성 어류는 몸의 색을 주변의 색과 비슷하게 변화시키거나 모래 속으로 들어가 자신을 보호한다. 이들은 육상과 수중 양쪽에서 적응할 수 있는 능력이 있다. 다음은 우리 나라 전역의 모래가 섞인 진흙질 갯벌에서 볼 수 있는 망둑어류와 모래 갯벌에서 주로 볼 수 있는 베도라치류의 어류들이다.

여러 가지 종의 어류들

6. 하구역의 갯벌

하구의 정의

조간대 지역은 육상과 해양의 서식처가 만나는 장소이고, 하구는 담수와 해수가 만나는 곳이다. 즉, 하구는 2개의 수권 생태계 사이의 변이 지역이라 할 수 있다. 세계의 대도시 대부분이 하구에 만들어졌기 때문에, 인간과 밀접하게 관련되어 남아 있다. 다른 변이 지역과는 다르게 하구는 내구성 생물종이 거의 없다.

하구는 담수와 해수가 만나 섞이는 부분적인 연안의 만이다. 이 정의는 적어도 1년의 한 기간 동안은 담수가 해수와 자유롭게 접촉한다는 것을 암시한다. 일반적으로 연안의 하구는 강이나 계곡의 상류에서 낮은 쪽으로 퇴적물이 밀려와 해수면이 상승하여 형성된다.

환경요인

하구의 퇴적 환경은 담수와 해수의 물리적, 화학적, 생물학적 작용이 복잡하게 나타난다. 하천에서 운반되는 퇴적물의

한강 하구
- 강화도 초지리

양과 성분은 하구의 퇴적 현상에 영향을 주며, 해양으로부터의 파도 에너지뿐만 아니라 주기적인 조석 작용은 하구의 환경을 좌우한다. 대부분 하구역은 펄 갯벌을 형성하는데, 이는 해수와 담수에 의해 하구로 운반된 퇴적물 때문이다. 담수의 경우, 하천은 미사(silt) 부유 입자를 나른다. 이런 부유 입자들이 하구에 도달하여 해수와 섞일 때, 해수의 다양한 이온들이 미사 입자를 응집시켜서 커지고 무거워진다. 이 입자들이 가라앉아 특유의 펄 기질을 형성하는 것이다. 해수도 많은 부유 물질을 나른다. 밀물 때 부유 물질이 하구에 들어가면, 부유 입자를 유지시키는 해수 운동이 감소된다. 따라서 입자들은 가라앉고, 자연스럽게 펄이나 모래 기질을 형성하는 역할을 한다. 펄이 만들어지면서 생성된 입자는 하구의 지리적 위치에 따라 다양하다. 입자의 퇴적은 흐름으로 제어되므로 입도 크기가 큰 것은 작은 것보다 빨리 퇴적된다. 강한 흐름은 느린 흐름보다 부유 입자를 더 오래 유지하므로 강한 기류가 우세한 곳의 기질은 조립질이고, 약하고 조용한 기류가 흐르는 곳의 기질은 세립질이다. 그래서 해수와 담수는 하구 입구에 조립질 입자를, 강의 최후 도착점에 세립질 입자를 퇴적시킨다. 큰 홍수와 그에 따르는 물의 흐름은 생물에게 혹독한 환경을 제공하며, 하구 퇴적물의 이동이나 큰 퇴적물을 생산하게 될 것이다.

하구 환경의 지배적 특징은 염분이다. 조석과 하천 유량의 크기는 염분의 변화에 중요한 영향을 미친다. 고조 때는 강의 상류 쪽으로 해수를 보내고, 저조 때에는 반대 현상이 나타난다. 또한 장마철의 폭우도 하구 지역의 염분을 감소시키는 요인이 된다.

군집과 생물의 적응

하구에는 담수종과 해양종, 그리고 염하구의 종이 서식하는 3가지 유형의 저서동물군이 있다. **협염성 저서동물**은 염분 변화에 매우 민감해서 염분이 25‰ 내외이거나 하구 입구에 서식하는 것만이 가능하다. 이 동물들은 종종 외해에서 같은 종이 발견되기도 한다. **광염성 저서동물**은 30‰ 이하의 염분 감소에 내성 능력이 있다. 그와 같은 종은 저염분을 나타내는 하구의 상부까지 적응 능력이 있다. 최대 염분 내성은 15~18‰까지 가능하지만, 5‰ 정도에 내성 있는 종은 거의 없다.

염분도에 따른 하구 저서동물의 분포(McLusky, 1971)

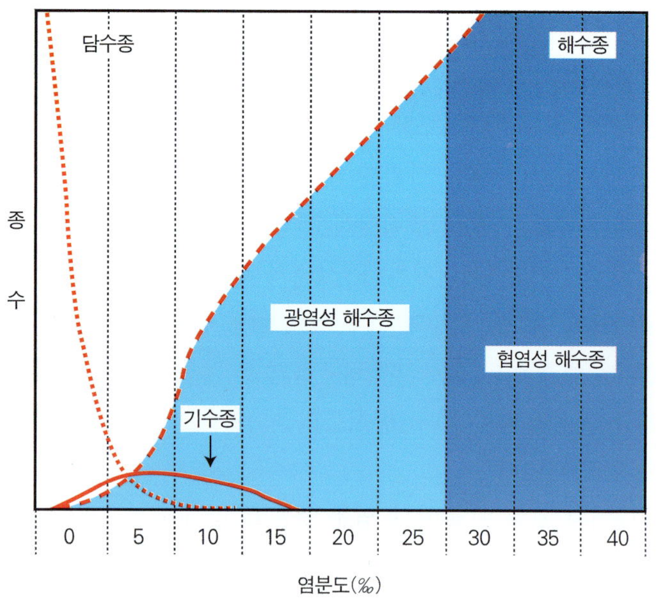

담수에 의하여 묽어진 해수를 **기수**(0.5~30‰)라 하는데, 기수종은 5~18‰ 사이의 하구 중간 범위에서 발견되나 해수

나 담수에서는 발견되지 않는다. 동물의 예로는 참갯지렁류, 굴류, 대합류, 대양 조개류, 소형 복족류, 작은 새우류 등이 있다. 이런 하구 저서동물들은 생리학적 내성뿐만 아니라 경쟁과 포식 같은 생물학적 상호 작용도 외해에 서식하는 것을 제한할 것이다.

담수생물은 염분에 내성이 없고, 해양생물은 하구의 저염분에 내성이 없지만, 실제 하구생물은 담수가 아닌 해양생물로 여긴다. 담수종이 염분의 증가에 견디는 것보다 해양생물이 염분 감소에 견디는 내성이 있고, 하구에는 대부분 해양생물이 서식하기 때문이다.

하구 생활이 요구하는 생리적 적응력은 염분 변화에 체액의 이온 균형을 유지하는 것이다. 삼투는 서로 다른 염분 농도의 두 유체가 고염분 농도에서 저염분 농도로 이동하며 반투막을 통과하여 같은 농도로 만드는 물의 물리적 과정이다. 체액은 주변의 액체보다 이온 농도가 높으므로 평형 상태가 아니다. 생물체내의 체액은 반투막에 의해 외부와 격리되어 있다. 반투막이란 물은 통과할 수 있으나 이온은 순수 확산으로는 통과할 수 없는 막이다. 물은 반투막을 통과할 수 있기 때문에 외부의 물이 오히려 세포 내로 들어가서 체액을 희석시켜 농도 차이를 없애려고 한다. 물이 들어오면 원활한 신진대사를 위하여 이 물을 다시 세포 밖으로 내보내야 한다. 이렇게 체내에서 흐르는 물이나 염분 농도를 통제하는 능력을 삼투조절이라고 한다. 대부분 해양생물들은 그들의 내부 염분 내용물을 통제할 수 없는 삼투 순응자들이나, 하구동물은 염분 농도에 대처하는 능력이 있는 삼투 조절자이다.

해양생물이 하구에 들어가는 것은 저염분 농도의 물과 만난다는 것을 의미한다. 해양생물은 내부 염분 농도가 하구 물보다 높기 때문에, 삼투 작용을 일으키려는 경향이 있다. 그러나 해양생물의 삼투 조절은 염분 손실 없이 여분의 물을 분비하거나 물과 염분을 분비하고, 환경에서 활동적인 이온 흡수로 염분 손실을 대신하는 것을 의미한다. 담수의 동물들은 하구에 들어갈 때 염분이 없는 매개물에서 염분이 있는 매개물로 이동하는 반대 현상에 순응하는 것이다.

기본적으로 삼투 조절 능력은 갯지렁이, 연체동물, 갑각류 등 하구의 여러 저서동물군에서 발견된다. 무척추동물 중 아가미는 가장 일반적인 삼투 조절 구조이다. 그러나 세포는 특히 이온을 재이동시키거나 흡수하는 신체의 다른 부분으로 존재한다. 지렁이의 삼투 조절 방식은 반응이 느린 편이다. 참갯지렁이의 경우 최소한 일정 기간 동안은 내부 이온 농도의 범위에서 적응력이 있어, 삼투 때문에 저염분 해수를 흡수하는 예이다. 연체동물 이매패류는 염분 감소가 되지 않도록 조가비를 닫는다. 복족류는 삼투 조절 능력에 한계가 있다. 갑각류인 게는 삼투 조절이 잘 발달되었다. 외골격 때문에 몸체 투과성이 매우 제한되기도 하고, 체액의 이온 농도를 조절하는 능력은 하구에서 그들이 계속 살아가는 이유가 된다. 척추동물의 삼투조절은 기본적으로 물 이동으로 잃은 염분을 대신 환경에서 이온을 흡수하여 균형을 이루는 배설기관의 물 이동을 통하여 이루어진다.

일반적인 행동 적응 방법은 펄에 굴을 파는 것으로 하구 저서동물만의 특징은 아니지만 2가지 유익한 효과가 있다. 첫번째는 삼투 조절 능력이 불완전하거나 제한받는 종의 경우에, 펄 속은 보통 해수보다 간극수로 인해 온도와 염분 변화가 덜

하다. 두 번째는 새나 어류, 게와 같은 상위 포식자들을 피할 수 있는 은신처를 제공한다.

하구의 게들은 발달된 삼투 조절 능력 때문에 낮은 염분에서 지속적으로 살 수 있다. 그러나 그들의 알과 유생은 이러한 조절 능력이 부족하다. 그래서 많은 종들이 성장하는 동안 하구에서 인근 바다로 이동하는 특별한 경로를 가지게 된다. 예를 들어 이런 행동의 형태를 보이는 참게는, 비록 성체가 강의 상류에 산다고 할지라도, 보육기에는 바다로 되돌아가 초기 유생생활의 일부를 바다에서 보낸다. 미국 동부와 걸프 해안 하구에 성체로 살아가는 청게(Bluecrab)의 암컷은 유생을 부화하기 위하여 고염분의 물로 이주한다. 일단 유생 단계가 지나면 어린 게는 하구로 되돌아온다. 반대로 하구는 풍부한 먹이와 유생의 보육장으로 이용되는데, 이는 상대적으로 포식자를 피할 수 있는 장점이 있다.

염습지

염습지의 환경

우리 나라 염습지에 대표적으로 우점하는 식물은 갈대와 칠면초이고, 동물은 갑각류의 게류, 연체동물의 고둥류 동물들이다. 평상시 고조 때에는 해양과 하구동물들이 염습지에 들어가고, 썰물 때에는 주로 육상의 동물들이 먹이를 구하러 돌아다닌다.

갯잔디 군락에 둘러싸인 염습지 조수웅덩이 - 완도 대교리

염습지란 서식하는 동물과 식물이 주기적으로 조석과 염분의 영향을 받는 습지이며, 일반적으로 이 곳에 서식하는 식물들은 세포액 속에 고농도의 염분을 포함하고 자라는 내염성이 강한 **염생식물**들로 구성되어 있다. 염습지식물들은 세립질 입자에 뿌리를 내려서, 조류 흐름으로 인한 침식 활동을 억제한다. 작은 식물들은 하층 밑흙에 걸어서 사용하는 실 모양의 억센 털이 있고, 큰 식물들은 새로운 영역을 차지하고 그 위치에서 스스로를 유지하는 뿌리 체제를 가지고 있다.

염습지는 보통 하구의 해수와 기수가 섞이는 강 입구의 얕은 모래톱이나 진흙으로 이루어진 조상대 지역에 형성되며, 조류와 하천에 의해 운반된 미세한 물질이 퇴적되어 발달한다. 퇴적 작용으로 고도가 높아지면 상대적으로 조류의 영향을 덜 받게 되어 식생의 정착이 가능한 환경으로 조간대 갯벌과 연속선 상에서 발달하는 것이 보통이다. 침수 빈도가 낮아지는 상부로 갈수록 식물이 정착하여 염습지가 발달한다. 이렇게 형성된 염습지 식생은 퇴적물의 고착 능력을 향상시켜 염습지의 수직적인 성장을 촉진시킨다.

염생식물이 물들인 염습지의 광경 -영종도

이제는 예전의 모습을 보기 힘들다.

일반적으로 해안 습지의 수직적 발달은 해수와 하천에 의해서 공급되는 퇴적물의 양과 종류, 퇴적물 등을 부유시키고 이동시키는 조류, 식물에 의한 퇴적물의 고착 능력 등에 의해 결정된다. 즉 조상대의 해안 습지는 퇴적물의 지속적인 공급과 이에 따른 고도의 성장, 그리고 염습지의 형성과 식생의 역할에 의해 형성 초기에는 급격히 발달하지만 고도가 어느 정도 높아지게 되면 해수의 영향을 덜 받게 되어 퇴적물의 공급이 줄어들게 되고 궁극적으로는 식생과 퇴적물이 평형을 이루게 되어 육지로 변한다. 우리 나라 서·남해안은 해안선의 길이가 길고 조석 간만의 차가 심하기 때문에 염습지의 면적이 매우 넓다. 한강, 금강, 영산강, 낙동강 등의 하구에 다양한 퇴적물이 형성되어 여러 가지 식물이 분포한다. 그러나 이러한 지역이 대부분 간척되어 농경지나 다른 용도로 사용되고 있기 때문에, 실제로 자연 상태에서 형성된 대규모 조상대 지형은 드물지만 소규모 지형은 곳곳에 발달해 있다.

염습지는 염도, 온도, 기질 등 환경 요인에 많은 변화를 보이는 혹독한 환경이다. 하구와 해수의 상호 작용으로 변동이

시흥 염습지 갯골
밀물 때 조류가 밀려와 염분을 제공하여 염생식물이 발달한다. 이 곳은 월 1~2회 정도만 해수의 영향을 받는다.

심한 염분도를 공유하나, 조간대에 있기 때문에 염도 변화가 하구의 물보다 더 심하고 갑작스럽다. 썰물 때 갑작스러운 폭풍우는 0에 가깝도록 표면 염분도를 감소시키는 반면에 고조 때가 되면 강력한 힘이 있는 해수가 습지를 침수시키기도 한다. 조류 주기에 20~40‰로 변하는 염분도를 나타내는 것은 습지에서는 흔한 일이다. 염습지의 특징 중 하나는 혹독한 환경 조건들과 고염분 함량 때문에, 서식할 수 있는 동식물이 적어 특정종 이외에는 생물종의 다양성이 떨어진다는 것이다. 강화 동검도에서도 염습지 내의 종 다양성은 갯벌보다 낮게 나타났으나, 서식 밀도는 갯벌보다 4배나 높은 결과를 보였다. 염습지식생의 동물상은 소수종이 높은 서식 밀도로 우점하는 것을 보여 주는 것이다.

염습지는 극심한 온도 변화도 겪는다. 온대 지역의 습지는 여름에 30℃ 이상, 겨울에 0℃ 이하의 온도를 나타낸다. 바닥

강화 남단 동검도의 염습지 풍경

이 곳은 1일 2회 정기적으로 해수의 영향을 받는 곳으로 바다 쪽으로는 칠면초 군락과 갯골풀, 육지 쪽으로는 지채와 갈대 군락이 대상 분포를 이루고 있다.

표면 온도는 일교차가 10℃ 이상으로 다양할 것이다.

염습지 지반은 하구의 퇴적물과 비슷하게 진흙질이어서 종종 거의 식물이 성장할 수 없는 무산소층이다. 식물에 따라서는 뿌리에 산소를 제공하는 조직을 가지고 있는 것이 있어서 산소가 결핍된 퇴적물에서도 번창할 수 있다.

갑각류의 게들은 식물의 뿌리 주위의 진흙에 굴을 파서 공기를 제공하고, 뿌리는 굴을 튼튼하게 유지시켜 주는 상리 공생 관계를 유지하는 것으로 보인다. 동물은 여러 가지 방법으로 환경 변화에 대처한다. 게들은 건조를 피하기 위해 진흙 바닥 속에 굴을 파고 땅 속에 있는 높은 염도의 물로 그들의 몸을 적신다. 염생식물은 진흙 바닥에 그늘을 만들어서 빛 흡수력을 줄여 온도와 염도를 일정하게 유지하는 역할을 하며, 동물들이 포식자에게 노출되는 범위를 감소시킨다. 실제로 대부분 새들은 염습지보다 확 트인 갯벌에서 사냥한다. 고둥류의 배설물 덩어리는 염생식물에게 영양분을 제공한다. 기수우렁이류 같은 특정한 고둥류는 염생식물의 그늘 밑에 정착하여 습도에 적응하며, 배설로 식물의 성장을 돕는 것으로 생각된다. 염습지 식생에 동물과 식물 사이의 경쟁적인 상호작용은 미래의 풍부한 연구 영역으로 남아 있다.

염습지의 역할

온대 해역의 염생식물 군락은 경제적 가치가 있는 종의 생육장이나 유기물의 공급원으로 주변 해역의 생산력에 영향을 미치는 것으로 알려져 있을 뿐만 아니라, 그 외곽에 넓게 펼쳐진 갯벌 생태계를 안정적으로 유지시키는 데 기여하고 있다. 특히 식물의 높은 생산력은 미생물의 분해를 통하여 전체 갯벌 생태계 먹이망의 근간이 되기도 한다.

염생식물의 뿌리는 육상 토양을 물리적 영향에 의한 침식을 방지하는 역할을 하고, 줄기나 잎은 조류의 유속을 감소시키며 표층에 부유 물질 및 유기물을 퇴적시키는 작용을 한다. 또한 식물의 잎과 줄기는 매년 성장과 고사를 반복하면서 표층 퇴적물에 유입되어 유기물 함량을 증가시키는 생물학적 작용을 한다.

염생식물 군락은 갯벌이 가지고 있는 정화 작용에도 일익을 담당하여 육상으로부터 유입되는 많은 영양염류와 오염 물질을 흡수하고, 해양생물의 난 발생에 영향을 미치는 부유 퇴적물을 감소시키는 역할을 한다.

또한, 국제 희귀 조류 및 천연기념물인 황새, 재두루미, 흑두루미, 저어새 등 겨울 철새들의 집단 서식지로서의 중요성과 더불어 최근에는 탐미적, 문화적 기능 및 자연 탐구를 위한 교육장으로서의 기능이 부각되고 있다.

새들의 휴식 공간 습지
- 소래

염습지에 버려진 어선

그러나 염습지가 일반 펄 또는 모래 갯벌보다는 상대적으로 지반이 견고하고 육지와 인접해 있다는 약점으로 인하여 훼손 정도가 일반 갯벌보다 훨씬 심각하며, 심지어 농경지, 택지, 공장 부지 또는 쓰레기 처리장 등으로 전환되어 점점 축소되고 있다.

염습지 식생

염습지의 식생은 소수의 종으로 구성되고, 경사면의 기울기에 따라 대상 구조를 이룬다. 이러한 대상 분포에 영향을 미치는 요인으로는 지형의 고도, 침수 시간 및 조석의 영향, 그리고 수위 변동 등 물리적인 환경 요인이 있다.

인천 소래 지역에 출현한 염습지 식생의 분포는 갈대→천일사초→칠면초→갯개미취→비쑥 · 큰비쑥의 순서였다.

인천 · 경기, 충남을 중심으로 한 서해안은 칠면초→퉁퉁마디 · 칠면초 · 나문재→갯질경 · 갯개미취→비쑥→강아지풀 · 산조풀→사데풀 · 띠→자귀풀 · 토끼풀 · 벌노랑이의 순서로 대상 분포를 이루고 있었다. 이것은 식물종들이 각각 특유의 염분에 대한 내성의 정도에 따라 그 분포가 제한되어 나타난 것이다.

만경강과 동진강 하구의 염습지 식생은 갈대→천일사초→갯잔디→칠면초→퉁퉁마디→가는갯능쟁이→갯개미취→나문재의 순서로, 이 중 1~2년생 염생식물 군락은 지형의 고도에 따라 대상 분포를 이룬다.

서해안의 염습지 식생은 해수의 영향에 따라서 조간대나 1일 2회 침수되는 저위 간석지는 칠면초, 갯잔디, 천일사초, 갈대로, 1개월에 1~2회 침수되고 지하로 해수가 유입되는 고조선 지역은 갯질경, 비쑥, 가는갯능쟁이, 갯개미자리로, 지하로 해수가 유입되어 모세관 현상으로 인하여 표층에 염분 결정이 형성되지만 지상부는 침수되지 않는 간척 지역은 퉁퉁마디, 나문재, 갯개미취로 구분된다. 그러나 인천 소래는 월 1~2회 침수되는 고조선 지역임에도 불구하고, 갈대, 갯잔디, 천일사초, 칠면초, 갯개미취, 비쑥, 큰비쑥, 갯질경, 나문재, 퉁퉁마디 등의 염생식물이 모두 분포하는 지역이다.

갈대, 천일사초, 칠면초, 갯개미취 등이 일정한 대상 분포를 나타내는 염습지 식생 - 소래

염생식물들이 토양의 높은 염분을 조절하는 생리적 능력은 다양하다. 식물은 체내로 유입되는 과다한 염분을 에너지로 사용하며 억제하지만 일부는 세포내의 액포에 저장하여 생리적 대사를 조절한다. 반대로 체외 배출하는 경우도 있다. 염선세포에 저장하였다가 세포를 파괴시키는 경우, 증산 작용으로 표피로 이동시키는 경우, 염분을 축척한 기관을 고사시키거나 탈락시키는 경우, 뿌리에서 잎을 통하여 다시 뿌리로 보내 배출시키는 경우 등이 대표적으로 알려져 있다.

그리고 가을철에 단풍이 들듯이 칠면초, 나문재, 퉁퉁마디 등도 녹색에서 붉은색으로 변하는 것으로 알려져 있으나, 이것은 염분 농도의 축척 때문인 것으로 알려졌다. 실제로 염습지에서 식물들을 관찰해 보면 봄, 여름에도 붉은색의 칠면초나 퉁퉁마디를 볼 수 있고, 늦가을에도 녹색으로 남아 있는 경우를 볼 수 있다. 계절적인 영향도 있겠지만 토양에서 흡수하는 염분 농도의 영향 때문이다. 이렇게 붉게 물든 잎을 고사시키면서 체내의 염분 농도를 조절하는 것이다.

우리 나라 염습지에서 관찰할 수 있는 대표적인 염습지식물상을 살펴보면 다음과 같다.

갈대 : 벼과의 여러해살이풀이다. 뿌리줄기의 마디마다 많은 수염뿌리가 나며 황백색이다. 해수나 담수보다는 기수 지역에 생육한다. 하구 염습지의 담수가 유입되는 저염도의 습지나 해수가 직접 침수하는 지역에서부터 내륙까지 넓은 군락을 형성하는데, 토양의 염분 농도에 대하여 분포 범위가 넓어서 저염분 지역에서도 수분이 많은 곳에 분포한다. 초봄에 나타나기 시작하여 번식력이 강하고, 복잡한 뿌리 엉김은 다른 식물이 성장하지 못하도록 하여 일단 군락을 형성하면 다

① 시흥 염습지에 형성된 갈대 군락
② 뿌리줄기의 왕성한 성장을 보이는 시화호의 갈대
③ 여름철 순천만 대대동의 갈대 군락
④ 가을철 덕교리 주변의 갈대 군락

른 종의 침입을 억제하므로 단일 군락을 형성한다. 뿌리는 토양의 유실을 방지하고, 내륙에서 바다로 유입되는 물의 오염물질을 저장하는 정화조 역할을 한다.

갯잔디 : 잎에 염분 축적을 많이 하는 벼과의 여러해살이풀이다. 니질이나 사질 그리고 침수 지역이나 비침수 지역 등 생육지가 다양하다. 뿌리줄기가 옆으로 뻗으면서 번식한다. 잎은 비스듬히 또는 곧게 서고 편평하거나 안으로 말린다. 키가 3~9cm 정도이다. 인천 소래나 강화, 그리고 순천만에서는 제방이 형성된 주변 지역에 부분적으로 분포한다.

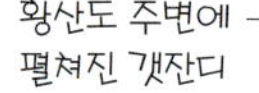

해수의 침수에 대한 내성은 강하나, 간척 후 해수가 차단되면 크게 군락을 형성하였다가도 다른 종의 침입으로 쉽게 군락이 파괴된다.

산조풀 : 줄기에 가장 많은 염분을 축적하는 벼과의 다년생 초본이다. 내륙에도 출현하지만 해수의 유입이 거의 없는 사구의 상부나 간척 후 3년 정도 경과된 간척지의 고지대에 분포한다. 다른 종의 침입으로 군락이 파괴되는 경우도 많다.

시화호 형도, 음섬의 주변에 넓은 군락을 이루고 있는 산조풀

천일사초 : 사초과의 여러해살이풀이다. 키는 30~70cm이고 뻗는 줄기가 길게 뻗는다. 한 개체당 약 20여 개의 종자를 생산하지만 번식은 주로 땅속줄기로 이루어진다. 점토층에 발달하며 군락은 기수성을 띠는 습지에 생육한다. 간척지에서 비교적 넓은 면적에 군락을 이루며 해수에 침수되는 지역에 분포하나 해수의 영향이 적은 곳에서 생육이 더 왕성하다. 갈대와 동일한 시기에 출현한다.

천일사초

갈대와 천일사초가 대상 분포를 나타내는 염습지 군락

시화호 염습지에서 관찰된 퉁퉁마디와 군락을 이루고 있는 세모고랭이

꽃자루가 삼각 기둥 모양으로, 다른 식물과는 특별하게 구분되는 세모고랭이

세모고랭이 : 사초과의 여러해살이풀이다. 땅속줄기가 길게 뻗고 각 마디에서 대가 1개씩 나온다. 꽃자루가 삼각 기둥이며, 키가 50~100cm 정도이고 짙은 녹색이다. 강의 하구나 사질 해안에 분포하며, 해수의 침수에 내성이 강하지만 유기물 및 무기영양소 혹은 담수의 영향이 있는 지역에서 잘 자란다. 서해안에는 농경지나 주택가와 연결된 해안에서 군락을 형성하고 있다.

가는갯능쟁이 : 명아주과의 1년생풀이다. 미사 토양과 갯벌이 혼합되어 있는 사질 해안의 고조선 부근이나 약 3년이 지난 간척지에 분포한다. 전체에 털이 없고 줄기는 단단하며 다소 굽었고 곧게 섰다. 가지가 갈라졌으며 키가 약 30~60cm 정도이다. 잎은 어긋나고 녹색이며 염분 조절 작용으로 다소 흰가루로 덮여 있는 듯하다. 또한 지면 아래쪽 잎부터 염분을 축적하여 탈락시키는 것을 관찰할 수 있다. 꽃은 엷은 녹색으로 줄기와 잎자루 사이에서 7월에 핀다.

가는갯능쟁이

칠면초 : 명아주과의 1년생풀이다. 우리 나라 서해안 염습지의 대표적 선구종으로 넓은 조간대가 형성된 곳이나 강하구에 가장 넓은 면적을 차지하며 분포한다. 염분에 대한 내성은 강하나 건조에 대한 내성은 약하여 토양의 수분 함량에 따라 수로형과 제방형이 나타난다. 수로에 분포하는 종은 어린 개체 시기부터 홍자색을 나타내며, 제방에 분포하는 종은 어린 개체 때에는 녹색으로 자라다가 홍자색으로 변하는 것을 관

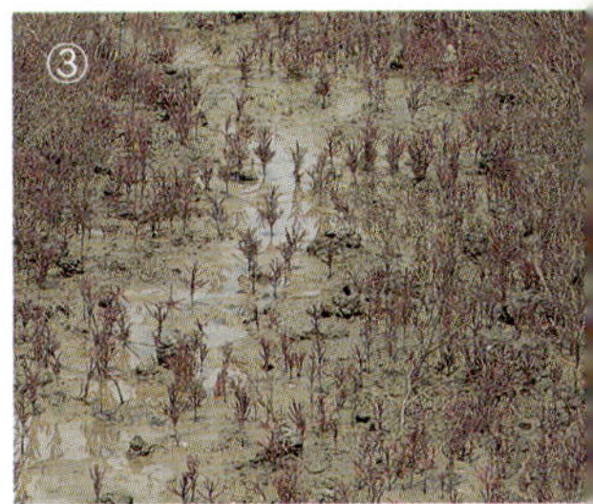

① ② 칠면초의 싹
③ 수로형의 칠면초
④ 제방형의 칠면초
⑤ 전체적으로 붉게 물들어 가는 칠면초
⑥ 칠면초의 꽃
⑦ 완전히 붉게 물든 칠면초

찰할 수 있다. 이것은 염분 축적에 의한 현상으로 여겨진다. 잎은 세로로 방망이 모양이고, 가로로 자르면 단면이 동그라미 모양이다. 잎의 겨드랑이에 꽃자루가 없는 2~10개의 노란색 꽃이 달리며 암술은 1개에서 두 갈래로 갈라진다. 줄기의 아래 부분부터 시작하여 전체적으로 붉게 변하는 나문재와는 다르게 칠면초는 전체적으로 붉게 변한다. 줄기는 곧게 서고 통통하다. 줄기와 잎을 이어주는 잎자루는 없고 잎은 원통 모양으로 끝이 뭉툭하다.

해홍나물의 군락

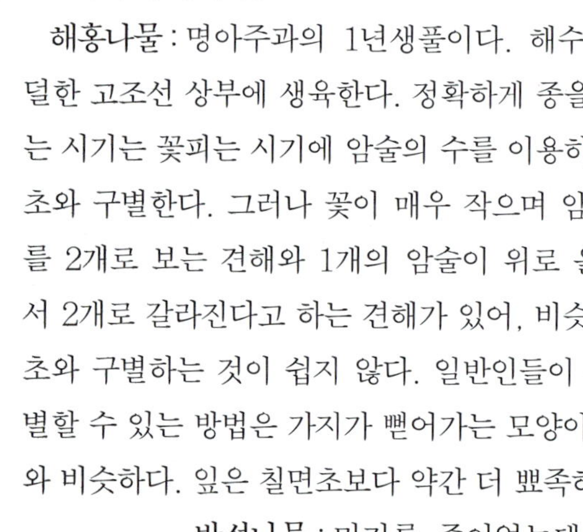

해홍나물 : 명아주과의 1년생풀이다. 해수 침수가 덜한 고조선 상부에 생육한다. 정확하게 종을 구별하는 시기는 꽃피는 시기에 암술의 수를 이용하여 칠면초와 구별한다. 그러나 꽃이 매우 작으며 암술의 수를 2개로 보는 견해와 1개의 암술이 위로 올라오면서 2개로 갈라진다고 하는 견해가 있어, 비슷한 칠면초와 구별하는 것이 쉽지 않다. 일반인들이 쉽게 구별할 수 있는 방법은 가지가 뻗어가는 모양이 나문재와 비슷하다. 잎은 칠면초보다 약간 더 뾰족하다.

방석나물 : 미기록 종이었는데 근래에 이름이 붙여졌다. 칠면초와 유사하게 생겼으나 곧게 자라기보다는 바닥으로 퍼지는 모습으로 자라기 때문에 방석처럼 보인다. 식물의 색상은 위치에 따라 매우 다양하나 칠면초, 해홍나물보다는 녹색이 강한 것이 특징이다.

비교적 조상대 지역에 생육하는 방석나물 - 함평

통통마디 : 많은 양의 염분을 잎에 축적하는 명아주과의 1년생풀이다. 줄기가 통통하여 통통마디라고 부른다. 염분에

① ~ ④
싹에서 어린 개체로 자라기까지의 과정

⑤ 성장한 통통마디
⑥ 잘 발달된 통통마디 군락지
⑦ 칠면초와 경쟁하는 통통마디
⑧ 붉게 물들기 시작하는 통통마디
⑨ 붉게 물든 통통마디 군락지

강하지만 침수와 다른 종들과의 경쟁에 약하여 고염도 지역에만 분포하여 갈대와 대조를 이룬다. 간척 후의 선구종으로, 폐염전 지역이나 간척 직후 초기 2~5년 사이에 넓은 군락을 형성하다가 다른 식물이 침입하면 사라지는 특성을 나타낸다. 어린 개체 때, 십자로 가지가 어긋나게 뻗어가는 모습은 사막의 선인장 모습을 연상시킨다. 잎은 없고, 마디 위에 움푹 들어간 구멍 속에 2~3개의 녹색 꽃이 8~9월에 숨어서 핀다.

나문재 : 명아주과의 1년생풀이다. 전체에 털이 없고 줄기는 원주형이며 곧게 섰고 가지가 갈라졌다. 잎은 칠면초나 해홍나물과 비교하여 길고 많은 것이 특징이다. 줄기에서 많은 가지들이 갈라지며, 가지나 줄기에는 1~3cm의 짧고 가는 바늘 모양의 잎새들이 빽빽하게 난다. 잎의 겨드랑이에 짧은 꽃자루가 있는 1~2개의 녹황색 꽃이 7~8월에 핀다. 토양의 염

①~④ 나문재의 싹과 어린 개체 군락

⑤ 성장한 나문재 군락
⑥ 줄기의 가장 아래 부분부터 물들기 시작하는 나문재
⑦ 전나무 숲을 연상시키는 잘 발달된 군락지
⑧ 꽃이 핀 나문재
⑨ 나문재의 열매

분에는 내성이 매우 강하나 침수에 약하기 때문에, 조수의 영향을 거의 받지 않고 건조한 고위 염습지나 폐염전에 비교적 넓은 군락을 형성한다. 전체적으로 붉게 변하는 칠면초와는 다르게 줄기의 아래 부분에서 시작하여 전체적으로 홍적색으로 변한다. 가지가 쭉쭉 뻗어 마치 작은 전나무의 모습을 보이는데, 군락이 형성된 곳은 전나무 숲을 보는 것 같다. 크게 자라면 어른 가슴까지 크게 자란다.

갯댑싸리 : 명아주과의 1년생풀이다. 줄기는 곧게 섰거나 비스듬히 올라가며 다소 구불구불하고 가지는 많고 솜털이 나 있다. 꽃은 엷은 녹색이고 7~8월에 핀다.

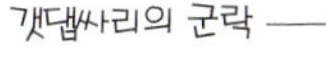
갯댑싸리의 군락

갯개미취 : 국화과의 2년생풀이다. 키는 25~100cm이고 곧게 자라며, 털이 없고 윗부분에서 가지가 갈라지며 밑부분에 붉은 빛이 돈다. 간척지의 미사 토양과 갯벌이 혼합되어 있는 지역과 사질 토양의 저염도 염습지나 고위 염습지의 건조한 곳에 분포한다. 퉁퉁마디나 칠면초보다 염분에 대한 적응력이 적다. 해수가 유입되는 지역에도 분포하지만, 주로 침수되지 않는 간척지에 넓은 면적을 차지하며 분포한다. 9~10월에 자주색의 꽃이 장관을 이루고, 포자가 날려 왕성한 번식력을 나타낸다.

① 갯개미취의 싹
② 포자가 날려 갯골을 따라 발아한 갯개미취 군락
③ 갯골 주변의 갯개미취 어린 개체
④ 칠면초 군락에서 자라는 갯개미취
⑤ 갯개미취의 꽃
⑥ 꽃이 지고 눈꽃이 핀 것 같은갯개미취 군락

비쑥 : 국화과의 여러해살이풀이다. 모래와 자갈이 섞인 해안의 건조한 지역과 염습지에 분포한다. 뿌리는 굵으며 뿌리의 맨 윗부분부터 가지가 갈라진다. 바로 그 밑부분부터 다음해 새싹이 자란다. 가지는 적갈색을 띠며 잎은 전체적으로 회백색의 가는 털이 나 있다. 8~9월에 노란색과 자주색의 꽃이 핀다.

비쑥의 꽃

뿌리 윗부분에서 가지가 갈라지는 비쑥

큰비쑥 : 국화과의 2년생풀이다. 쑥향기가 있다. 원줄기는 곧게 자라며 자줏빛이 돌고 처음에는 잎과 더불어 거미줄 같은 털로 덮여 있으며 밑에서부터 가지가 많이 갈라진다. 땅속이나 뿌리줄기에서 나오는 잎은 꽃이 필 때 쓰러지고 방석처럼 퍼지는 잎자루의 길이가 3~13cm 정도이다. 잎은 두텁고 끝이 둔하며, 뿌리는 통통하다. 소래 지역에서는 갯골 상부 경사면과 염습지 사이의 경계면에 군락을 이루고 있는 것을 볼 수 있다.

큰비쑥의 어린 개체

성장한 큰비쑥

사데풀 : 국화과의 여러해살이풀이다. 해수의 영향이 거의 없거나 기수가 흐르는 제방, 폐염전 지역이나 육상화되어 가는 점이 지대에 넓은 면적으로 군락을 이룬다. 간척 후 3년 이상되면 침입하기 시작하여 장기간 군락을 형성한다. 땅속줄기를 뻗어 퍼지며, 땅위줄기는 곧고 가지를 치며 속이 비어 있다. 잎은 어긋나는데 잎자루가 없고, 긴 타원형으로 이빨 모양의 톱니가 있으며, 뒷면은 흰 녹색이고 털이 없다. 꽃은 8~9월에 황색으로 핀다.

사데풀

군락을 이루고 있는 사데풀

갯질경이 : 갯질경이과의 2년생풀이다. 주로 해수에 침수되지 않는 모래와 자갈이 혼합된 지역과 제방의 주변 지역에 분포한다. 염분에 대한 내성이 매우 크다. 5년 이상된 간척지 고지대에 적은 면적으로 군락을 이루고 있는 것이 종종 관찰된다. 잎은 뿌리에서 모여 8개 정도의 잎들이 사방으로 퍼지며, 잎자루가 길다. 잎새들이 돌려나는 중심부에 높이 50cm 가량의 곧게 서는 줄기가 난다. 줄기의 상부에는 많은 가지가

바닥에 깔린 갯질경이의 잎

꽃이 핀 갯질경이

갯질경이 군락

달려 있다. 뿌리가 길고 굵으며 곧게 자란다. 꽃은 황백색으로 8월에 핀다.

지채 : 지채과의 여러해살이풀이다. 지상부에 더 많은 염분을 축적하는 식물로 해수에 침수되는 지역에 분포하는데, 고조시 해수가 유입되는 수로 주변이나 육지에서 담수가 흘러들어오는 해안선 근처에 많이 분포한다. 토양의 염분에는 내성이 강하지만, 건조에는 약하다. 뿌리가 강하여 침식이 심한 해안에서도 잘 견딘다. 땅속줄기는 비스듬하고 수염뿌리를 내며, 8~9월에 자주빛을 띤 녹색의 꽃이 핀다.

지채

조간대 상부에 자리잡은 지채 군락

꽃대가 올라온 지채

갯개미자리 : 석죽과의 1~2년생풀이다. 바닷가의 갯벌 근처와 바위 틈에 자라며, 키가 10~20cm 정도이다. 밑에서 여러 개의 가지로 갈라지며 윗부분과 꽃받침에 털이 있다. 잎은 마주나고 끝이 뾰족하며 털이 없다. 한 뿌리에 여러 줄기가 나온다. 곁에서 보면 여러 개체가 합쳐져 있는 것처럼 보이지만 대부분 한 개체이다. 5~8월에 흰색의 꽃이 핀다.

갯개미자리 싹

성장한 갯개미자리

큰개미자리

큰개미자리 : 석죽과의 일년 내지 여러해살이풀이다. 바닷가 또는 내륙 지방의 양지에서 자라며 키가 5~25cm이다. 대개 잎이 뭉쳐 나와 방석 같다. 꽃은 백색이고 5~8월에 핀다.

갯골풀 : 바닷가 습지에서 자라는 다년초이다. 30~70cm 정도까지 자라며, 땅속줄기가 길게 옆으로 뻗는다. 둥근 막대를 꽂아 놓은 듯 원줄기만 둥글게 자라며 끝부분은 뾰족하다. 비늘 같은 잎은 원줄기를 감싸고 밑에 조금 남아 있다. 꽃은 7~8월에 핀다.

갯골풀

갯골풀의 전경

벌노랑이 : 콩과의 여러해살이풀이다. 간척지 제방이나 폐염전 지역 주변에 군락을 이루며, 키가 30cm이다. 밑부분에 가지가 많이 갈라져 눕기도 하고 비스듬히 서기도 한다. 노랑나비 모양의 꽃이 3~4개 달린다.

폐염전 지역의 벌노랑이 군락

저서동물상

염습지의 동물들은 조간대의 생물들과 마찬가지로 혹독한 환경 속에서 식물들과 더불어 그들만의 독특한 생활을 하고 있다. 다른 지역보다 해수의 영향을 덜 받기 때문에 건조에 자주 직면하고, 육상에서 유입되는 담수의 영향으로 저염분의 환경에서 생활한다.

염습지에 적응하며 살아가는 저서동물은 대표적으로 관찰되는 것이 갑각류의 게류, 연체동물의 복족류, 환형동물의 갯지렁이, 일부 어류 등이다. 여기서는 대부분 소래 염습지에 서식하는 대형 저서동물을 중심으로 기술하지만, 이들 종이 꼭 염습지에만 서식하는 종은 아니며 조간대 상부에 공통적으로 서식하는 종들이다.

말뚝망둑어 : 함수량이 풍부한 곳에만 서식하는 종으로 잡식성이다. 몸길이 100~150mm의 소형 어류인데 생활의 반은 육상에서 보낸다. 몸은 길고, 앞부분은 단면이 원형에 가까우며 뒤로 갈수록 옆으로 납작하다. 머리는 위아래로 납작

하여 아랫부분이 윗부분보다 넓고, 주둥이는 짧고 둔한 원형이다. 두 눈은 머리의 윗부분에 볼록 튀어나왔으며 서로 근접해 있고, 공중에서나 물 속에서 주위를 관망할 수 있는 구조로 되어 있다. 가슴지느러미는 팔 모양의 관절을 가지고 있어 펄 위를 기어다니거나 점프하듯이 갯골의 물 위를 뛰어다닌다. 물가에 있는 작은 식물에 기어올라가 휴식을 취하기도 한다. 꼬리지느러미는 아랫부분이 윗부분보다 짧으며 끝은 뾰족하고, 도마뱀처럼 추진력의 보조 역할을 하는 데 사용된다. 살아 있을 때 몸 전체의 색은 흑갈색이다. 모든 지느러미는 몸의 색깔보다 다소 옅으며, 가슴지느러미의 뒷부분과 배지느러미의 가장자리 그리고 꼬리지느러미의 아랫부분은 황갈색을 띤다. 잡식성이다.

갯벌 위를 기어다니고 있는 말뚝망둑어

말뚝망둑어의 정면

갯벌에서 작은 게를 잡아먹고 있는 말뚝망둑어

갯벌 위에서 발처럼 사용하는 말뚝망둑어의 배지느러미

가지게 : 강화 선두리나 인천 소래의 상조선에 가까운 조간대의 펄에 구멍을 파고 서식하는 것으로 보고되었는데, 소래 염습지에서 식물이 많은 염습지 전지역에 고르게 분포한다. 비교적 수분 함량이 적은 곳에 서식하며 인공 둑방 위까지 분포하여 행동 반경이 매우 넓은 것으로 관찰되었다. 갑각의 윤곽은 사각형이고 두껍다. 등면은 볼록하며 여러 구역의 구분이 뚜렷하다. 양 집게다리는 대칭을 이루는데 수컷은 암컷에 비해 훨씬 크고 억세게 생겼다. 집게다리의 집게 중 움직일 수 있는 가동지 윗면에는 10개 미만의 큰 돌기들이 배열되어 있다. 긴마디는 삼각기둥 모양이다. 성체는 민감하나 어린 개체는 다른 종들에 비하여 민감하지 않아 관찰하기가 쉽다.

가지게의 앞면과 등면

포란한 가지게

자절된 제2, 3, 4 걷는다리가 재생되는 과정을 보여 주는 가지게

게는 위기에 처하면 가슴다리를 스스로 끊는 **자절**을 통하여 위기를 모면하고 도망친다. 이것은 가슴다리의 밑마디와 자리마디 사이에 쉽게 끊어지는 부분이 있기 때문이며, 끊어진 다리는 재생된다. 소래 포구에서 자절된 가지게의 걷는다리가 재생중인 것을 관찰하였다.

흰발농게 : 고조선 근처의 펄 지역에 서식하는 것으로 보고되었다. 퇴적물의 알갱이가 미사나 점토 지역인 비교적 조위

가 높고 건조한 지역에서만 서식한다. 조간대 상조선 근처의 모래가 섞인 진흙질 바닥에 수직으로 구멍을 파고 산다. 저조시 일제히 나와 먹이를 먹는데 수컷은 가끔씩 긴 집게다리를 들고 앞뒤로 흔들어대는 모습이 눈에 띈다. 시각이 매우 예민하여 접근하기가 쉽지 않다. 큰 집게다리의 손이 발달해 있고 흰색이다. 갑각의 등면에는 회색 바탕에 검푸른 무늬가 있다. 갑각의 윤곽은 앞이 넓고 뒤가 좁은 사다리꼴이며, 등면에 연한 검은 무늬가 있다. 등면에 있는 H자 모양의 홈은 뚜렷하지 않다. 이마는 비교적 넓고 앞 아래쪽으로 돌출하였다. 눈구멍은 가로로 길쭉한데, 그 가로 길이는 높이의 약 2.7배 정도이다. 암컷의 집게다리는 매우 작고 대칭인데, 수컷은 어느 한쪽이 매우 커서 앞마디의 길이가 갑각나비의 2배 이상 되는 것도 있다. 큰 집게다리의 부동지에는 혹이 없는 점이 붉은발농게와 다른 점이다.

큰 집게다리를 벌리고 있는 흰발농게

염습지 내의 흰발농게 집 주변

활동중인 흰발농게

붉은발농게의 앞면

붉은발농게 : 갯벌 상부 또는 염생 식물이 자라는 극상부 지역과 모래가 섞인 진흙질 갯벌에서 주로 산다. 칠면초와 갈대가 어울어진 습지에 사는 경우를 관찰할 수 있는데, 주로 식물 군락이 있는 곳을 주된 서식 장소로 선택한다. 소래 지역에서는 염습지 전지역에 고르게 분포하고, 특히 비쑥, 큰비쑥 군락지에 주로 서식하는 것으로 관찰되었다. 갑각의 등면은 매끈하고 윤기가 나며 청녹색을 나타낸다. 눈구멍은 매우 넓어서 뒷가장자리의 나비와 비슷하다. 암컷의 집게다리는 작고 대칭을 이루며, 두 손가락리는 길고 끝이 넓어져서 숟가락 모양을 이룬다. 수컷 집게다리의 한 쪽은 암컷과 비슷하다. 다른 한 쪽은 크고 억세게 생겼으며 붉고 거의 평평하며 혹들로 덮여 있다. 오른쪽 집게다리가 큰 경우도 있고 왼쪽 집게다리가 큰 경우도 있다. 흰발농게와 섞여 사는 것도 있으나 흰발농게의 서식지보다는 낮고 진흙질이 더 많아 연한 곳에 주로 산다. 수컷은 긴 집게발을 올렸다 내렸다를 반복한다. 마치 손을 흔들어 부르는 듯 또는 바이올린을 켜는 듯한 동작을 연출하기 때문에 영어로는 'fiddler-crab(바이올린을 켜는 게)' 이라고 부른다. 이러한 동작은 수

집 속으로 들어가는 붉은발농게의 등면

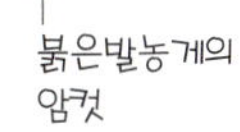

붉은발농게의 암컷

습지에서 활동중인 붉은발농게 암컷과 수컷

컷이 암컷 앞에서 위용을 과시하고, 영역 싸움을 할 때 많이 보이므로 번식기가 되면 이런 행동을 자주 볼 수 있다. 집단적으로 군집 생활을 하며, 갯벌 위에 굴뚝 모양의 집을 짓는다.

세스랑게 : 진흙질 개펄 바닥과 펄 성분이 많은 지역과 식물 군락이 있는 곳에 주로 서식하는 것으로 밝혀졌고, 특히 강화 지역에서는 해홍나물 밭 사이에서 많이 출현하였다. 소래 지역에서도 갈대, 천일사초, 칠면초 등의 식물 군락이 있는 곳에서 주로 관찰되었으며, 수분 함량이 풍부한 곳이면 식물이 없는 점토 지역에서도 출현하였다. 조간대 상조선 근처의 진흙 바닥에 구멍을 파고 산다. 구멍은 처음에는 나선형이었다가 나중에 곧아진다. 저조시에 나와 먹이를 찾는 활동을 하는데, 때로는 집게다리를 들었다 낮췄다 한다. 갑각의 윤곽은 양옆이 볼록한 사각형이며 갑각의 나비는 길이의 약 1.5배 정도이다. 등면은 매우 볼록하고 거의 전면에 검은 털이 빽빽이 나 있다. 이 털이 벗겨져 있는 것도 있다. 이마는 넓고 앞 아래쪽으로 많이 돌출하였다. 가장자리는 반원형이고 등면은 세로로 오목하다. 눈구멍은 누에고치 모양인데 바깥쪽이 열려 있다. 여름철에 포란한다.

세스랑게의 등면

흙탑 밑에 밖으로 나오는 구멍이 있는 세스랑게의 집 모습

굴속에서 나오는 세스랑게의 암컷

갈게 : 한국산 방게 4아종 중 가장 큰 종이며, 상조선 근처의 진흙 바닥에 구멍을 파고 산다. 간석지의 둑이나 염전 둑에 구멍을 파서 피해를 주는 경우가 많다. 눈 아랫두둑 과립의 수는 수컷은 43개 내외, 암컷은 30개 내외이다. 수컷 과립의 특징은 5~6개가 세로로 길쭉하고 가장 많이 튀어나왔다. 이들 과립의 바깥쪽에는 23~27개의 과립들이 배열되어 있는데 그 구분이 뚜렷하지 않고 바깥쪽 끝으로 갈수록 점점 작아진다. 털이 적어 몸 전체가 비교적 매끈하게 보인다. 소래 염습지에 많은 종이 분포하고 있다.

① 갈게의 앞면
② 갈게의 등면
③ 갈게 암컷의 앞면
④ 갈게의 집 주변은 억세게 생긴 집게발로 구멍 속의 흙을 입구 주변에 쌓아 놓아 다른 게들의 집과 쉽게 구분된다
⑤ 염습지의 작은 갯골에서 짝짓기 하는 갈게의 암수
⑥ 염습지의 퉁퉁마디 사이에서 활동하는 갈게

말똥게 : 담수가 유입되는 수로 주변의 갈대밭이나 민물 도랑이 가까운 곳에 구멍을 파고 산다. 갑각의 모양은 사각형이다. 등면은 앞뒤로 약간 기울었고 울퉁불퉁하며 부분별로 홈이 뚜렷하다. 등면은 전반적으로 검은 빛깔을 나타내며, 집게손가락의 가동지와 부동지는 점차적으로 옅어져 백색에 가깝다. 7~8월에 포란한다.

말똥게의 앞면

말똥게의 등면

기수우렁 : 기수 지역의 갈대밭이나 펄에 서식하며, 염생식물의 수분 함량이 분포에 가장 큰 영향을 준다. 갈대, 천일사초, 칠면초 등의 염생식물이 생육하는 수분 함량이 비교적 높고, 직사광선을 피할 수 있는 그늘이 있는 표층에 서식한다. 또한 햇빛이 강할 때는 게 구멍 속에 모여 있는 것을 관찰할 수 있다. 머리, 발, 내장낭으로 구성되어 있으며, 내장기관은 뒤틀림 현상에 의해 비대칭구조를 가지고 있다. 패각은 작고 낮은 원추형이며 나탑이 5층이다. 각 나층은 둥글게 부풀어 있다.

비슷한 종으로 빨강기수우렁이 있다. 모양상 패각은 높은 원추형이고 나층은 7층으로 기수우렁과 구분된

염생식물의 그늘에 주로 개체군을 이루며 사는 기수우렁

다. 각정은 적갈색, 나머지 부분은 전체적으로 붉은색을 나타내며 매끈하다.

버들갯지렁이류 : 주로 오염이 진행되는 염습지에 산다. 이 종이 사는 표층 속의 퇴적물들은 주로 검정색을 띤다. 사진의 모습과 비슷한 소래 염습지 폐염전 표층에서는 길앞잡이의 애벌레가 관찰되었다.

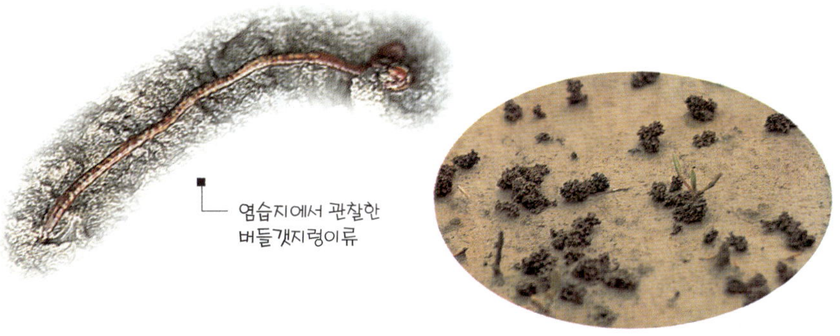

염습지에서 관찰한 버들갯지렁이류

버들갯지렁이류가 살고 있는 염습지 표층의 모습

갯민숭이류 : 소래 염습지 갈대 숲 옆에서 관찰되었다. 뜨거운 여름 날씨에도 그늘에 있지 않고 염습지 갯벌 위에서 활동하고 있었다. 등면에는 굵은 과립이 있고 단단한 편이다.

염습지 바닥을 기어다니는 갯민숭이류의 배면

갯민숭이류의 등면

3 갯벌의 보전

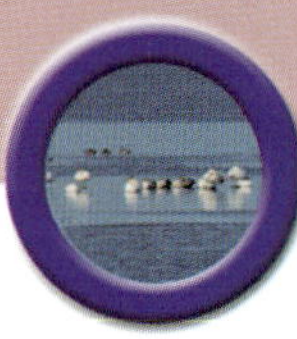

1. 갯벌 보전 및 개발의 의식 변화

외국의 경우는 갯벌을 보호하기 위해 국립공원으로 지정하여 엄격히 관리하며, 과거에 개발했던 갯벌까지도 자연 상태로 되돌리기 위한 노력을 하고 있다. 그러나 우리 나라 갯벌에서는 환경 및 경제적 가치를 외면하고, 눈앞의 이익만을 위하여 대규모 간척사업이 계속 진행되고 있다. 우리 나라의 갯벌 보전 및 개발은 다양한 형태로 전개되어 왔다. 갯벌의 보전과 개발 사이의 중요한 문제점은 간척과 매립, 갯벌 생태계의 파괴, 해양 오염, 철새 보호, 바다의 이용권 등이다.

서 · 남해안의 갯벌 개발에 따른 문제점은, 농지 확보와 임해 산업 단지 조성으로 국토 확장 사업이 본격적으로 이루어진 1970~1980년대 중반, 간척과 매립으로 발생한 환경 오염이 사회 문제가 된 1980년대 후반~1990년대 초반, 해

갯벌 보전과 개발의 문제점(해양수산부, 1999)

시 기	특 징	개발의 문제점
1970년 ~ 1980년대 중반	농지 확보 및 임해 공업 단지 조성을 위한 국토 확장 정책	· 보상비 산정 시행 기관과 지역 주민 간의 보상비 산정을 둘러싼 갈등
1980년대 후반 ~ 1990년대 초반	환경 보전의 필요성 및 생태계 파괴 우려	· 보상비 산정 · 갯벌 생태계 파괴 우려 · 연안 해역 오염
1990년대 중반 ~ 현재	해양 개발에 대한 사회적 관심 제고	· 보상비 산정 · 갯벌 생태계 파괴 우려 · 연안 해역 오염 · 철새 서식 환경 보호 · 지역 주민의 갯벌 이용 제한 · 갯벌 유역 이용을 둘러싼 갈등

양 개발에 대한 사회적 관심이 일어나기 시작한 1990년대 중반~1990년대 말 등의 과정을 거치면서 다양해졌다.

국토 확장 시기에는 지역 주민에 대한 보상 문제점이, 1980년대 후반 시화호 조성 사업은 자연 생태계 파괴의 문제점이, 1992년 '리우데자네이루 회의' 이후 1990년대 중반 이후는 갯벌의 보전과 개발에 대한 문제점이 부각되어 각 과정에 따라 질적 전환을 이루게 되었다. 특히 갯벌 관련 연구 분야가 환경학에서 생태학, 인류학, 경제학 등 다양한 분야로 확대되어 갯벌의 개발보다는 보전이 우리에게 더 많은 이익을 가져다 준다는 인식이 확산되었다. 그래서 갯벌의 개발은 생태적 가치, 어민들의 생존권, 국민들의 환경권, 미래 세대를 위한 유산 등의 문제를 심각히 고려해야만 한다.

2. 우리 나라의 갯벌

지금까지 알려진 지구의 연령은 약 46억 년으로 추정되고 있다. 대륙붕 해저에 대한 해양지질학적 연구에 의하면 약 15,000년 전 제4 빙하기 말에 우리 나라의 주변 해역, 즉 서해 · 남해 및 동해의 해수면이 지금보다 135~145m 낮았던 것으로 알려져 있다. 이 곳이 마지막 빙하기의 최대 빙하 발달 시기의 해수면 위치임을 나타내고 있는 것이다. 제4 빙하기가 약 11,000년 전에 끝났으므로 빙하가 녹으면서 서서히 해수면이 상승하여 8천 년 전 이후부터 현재와 같은 모습을 나타내기 시작하였다. 따라서 빙하기에는 현재의 서해와 남해가 모두 육지였다가 해수면이 상승하면서 광활한 서해의 갯벌이 형성되기 시작한 것이다. 지구의 연령에 비교하면 매

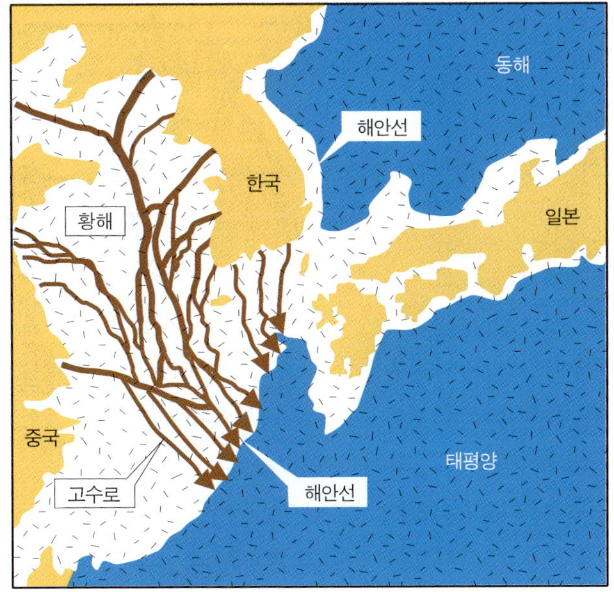

마지막 빙하기 때의 옛날 해안선(하, 1997)

제4 빙하기 말에는 우리 나라 주변의 해수면이 지금보다 135m 정도 낮아서 현재의 서해, 남해, 동해가 육지였으므로 우리 나라와 중국, 일본은 서로 이어져 있었을 것이다.

우 짧은 시간이지만, 인간의 삶에 비교하면 매우 긴 시간에 걸쳐 갯벌이 이루어졌다. 지금 우리 나라의 갯벌이 불과 30~40년 사이에 많은 면적이 사라져 가는 현상은 참으로 안타까운 일이 아닐 수 없다.

삼면이 바다로 둘러싸여 있는 우리 나라의 해안선은 약 11,540km이다. 융기 해안인 동해안은 직선상이며, 침강 해안인 서 · 남해안은 굴곡이 심하고 다도해를 이루는 리아스식 해안이다.

전세계 해양의 평균 수심은 약 3,800m이다. 서해의 수심은 연안 지역이 약 40m, 외해에서는 약 80~90m이며, 남해도 대부분이 대륙붕으로 평균 수심이 약 100m이다. 이런 까닭에 서 · 남해안은 전세계 해양과 비교하여 수심이 얕고 경사가 완만하며, 한강 · 금강 · 영산강 · 낙동강 등의 하구가 발달하고 대조차 지역이어서 우수한 갯벌을 형성하였다. 실제로 우리 나라의 서해 갯벌은 북아메리카의 미국 동부 조지아 해

세계 5대 갯벌의 분포도

안, 캐나다 동부 연안, 남아메리카의 아마존 하구, 영국 · 독일 · 네덜란드를 포함하는 북해 연안과 더불어 세계 5대 갯벌 중의 하나이다.

우리 나라의 갯벌 현황

우리 나라 서 · 남해안의 갯벌 면적은 2,393km^2가 분포하며, 국토 면적의 2.4%에 해당된다. 그 가운데 전체 갯벌 면적에 약 83%인 1,980km^2가 서해안 지역에 분포하고, 17%인 413km^2가 남해안 지역에 분포한다.

지역별로 살펴보면 경기도(인천광역시 포함) 35%, 충청남도 13%, 전라북도 5%, 전라남도 44%, 경상남도(부산광역시 포함) 3%로, 경기만 일대와 전라남도 지역의 갯벌이 우리 나라 갯벌의 대부분인 80%를 차지하고 있다.

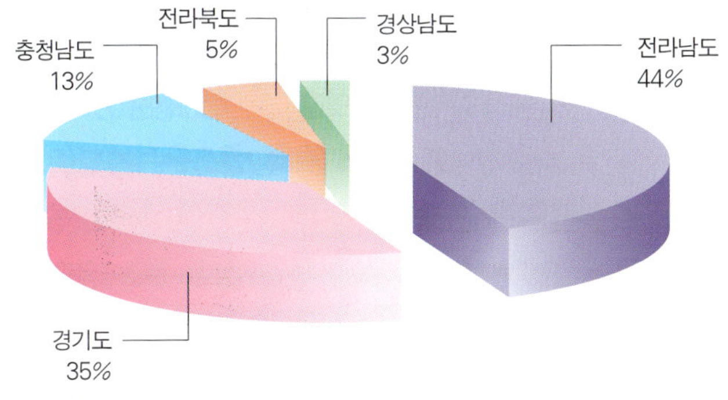

우리나라 갯벌의 분포 현황
(해양수산부, 1998)

우리 나라 갯벌의 변화

우리 나라의 갯벌은 간척과 매립 등으로 1987년보다 약 15%인 422.4km^2가 상실되었다. 그러나 조사 방법이나 분석 방법 등의 차이로 인하여 실제로는 30~40% 정도 상실되었을 것으로 추정된다. 왜냐하면 시화 지구나 새만금 지구 등의 간척과 매립으로 인한 갯벌 상실 면적이 810.5km²인데, 이 수치만으로도 29% 정도의 갯벌이 상실되었기 때문이다.

우리 나라 갯벌의 상실 요인 분석(해양수산부, 1998)

지 역	원인 분석 및 기타 요인
경기도	· 시화 지구 상실 약 180km² · 송도 신도시 매립지 중 약 16km² · 영종도 신공항 건설로 약 45km²(갯벌로 추정) · 남양만 방조제공사로 상실되는 면적 약 60km² · 대부도와 제부도 부근의 간척 사업 진행 중 약 40km²
충청남도	· 천수만 내측 서산 A · B지구 매립 상실 154km² · 태안군 신진 지구 매립으로 상실되는 면적 15km² · 석문 · 대호 방조제 등의 간척 사업으로 상실되는 38km² · 서산만 대호 간척지, 금강 하구둑, 보령 · 남포 지구 등 간척과 매립으로 상실되었을 것으로 추측
전라북도	· 새만금 지구의 물막이 공사가 끝나면 208km²의 면적이 더 상실될 예정, 이는 새만금간척 사업으로 확장되는 매립 면적 401km²의 51% 정도의 면적
전라남도	· 영암 방조제 상실 52km² · 금호 방조제 시공 중 약 40km² · 고천암 방조제 시공 중 약 33km² · 1982년 완공된 영산강 하구둑 공사 상실 면적 미파악
경상남도	· 부산 강서구 송정동의 명지 · 녹산의 매립지 상실 약 6.5km²

간척 사업은 타당성 조사가 이루어지고 공사가 진행되면서 커다란 사업들이 수 년 사이에 빠르게 진행되었다. 앞으로도 간척을 계획하고 있는 지역은 서 · 남해안 전역에 걸쳐서 분포되어 있다. 지도에서 볼 수 있듯이 서 · 남해안의 내만 깊숙한 모든 해안은 거의 예외 없이 간척 예정 지역으로 표시되어 있다. 1996년 농어촌진흥공사가 간척 예정 지역으로 계획하고 있는 면적은 육안으로도 지금까지 진행된 간척 공사의 배

를 넘는다. 물론 예정 지역은 간척이 확정된 공간은 아니지만 언제라도 시행될 수 있는 가능성은 있다.

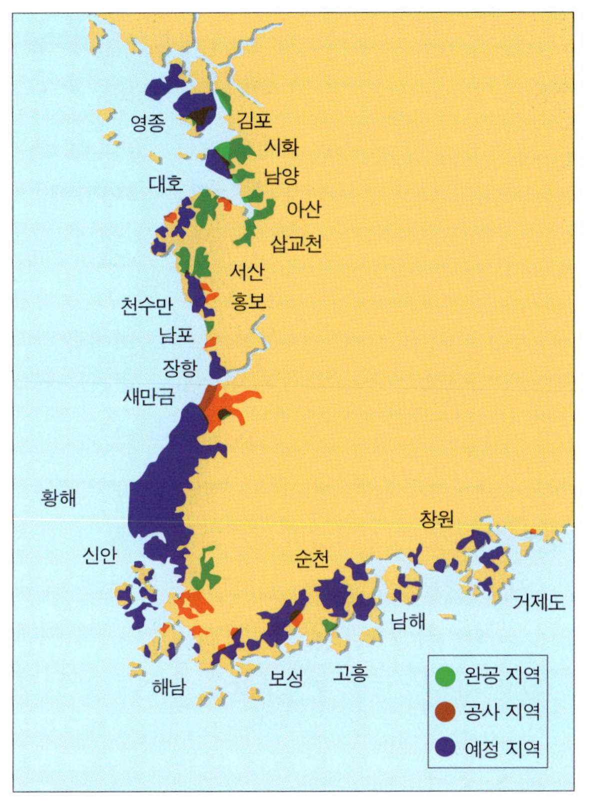

우리나라 서 · 남해안의 갯벌 간척도 (농어촌진흥공사, 1995)

경기도 안산시와 시흥시, 화성군 지역에 걸쳐 있는 시화호의 담수화 계획이 14년 만에 완전 백지화되었다. 도시와 공단에서 흘러나오는 썩은 물을 막아 거대한 농업용 호수를 만들려고 했으나, 정부는 2001년 2월 11일 담수화를 추진하면서 심각한 수질 오염이 발생한 시화호의 처리 문제를 놓고 건설교통부와 농림부, 해양수산부, 환경부 등의 의견을 수렴한 결과 시화호의 담수화 계획을 완전 포기하기로 결정했다.

담수 면적 1,287만 평의 시화호가 지난 1994년 12.7km의 시화 방조제 건설 이후 수질이 급격히 악화되어 1997년 3월 화학적 산소요구량(COD)[11]이 최고 26ppm까지 높아지자 담수화 계획을 일시 중단한 뒤 지금까지 바닷물을 유통시켜 왔다. 더욱이 환경 영향 평가도 제대로 하지 않은 채 물막이 공사부터 시작했으니 결과는 너무나도 뻔한 것이었다. 지금까지 수질 정화 비용까지 합하면 8,000억 원이 넘는 예산이 소요되었다.

정부가 시화호의 수질 개선을 위해 해수화 계획을 결정했지만, 시화 방조제 안쪽 내해의 수은 농도가 4년 사이 2배 이상이 늘어나는 등 1000여 만 평의 퇴적층에 중금속이 쌓여 있어 해수화를 해도 수질 개선은 불가능한 것으로 드러났다. 한국해양연구원이 펴낸 「시화호의 해수화에 따른 환경 변화 및 수질 관리에 관한 연구」 보고서를 보면, 시화호 전체 1300만 평 가운데 뭍에서 대부도와 음섬 · 형도를 이은 선 위쪽의 바닥은 수은 등 각종 중금속 퇴적물층이 상류의 경우 50~60cm, 중앙은 20~30cm 두께로 형성되어 있는 것으로 나타났다. 맹독성 중금속인 수은의 경우 표층 퇴적물 평균 농도가 시화호 배수 갑문을 연 1997년 0.029ppm에서 2000년 0.066ppm으로 급속히 높아졌다. 2000년의 오염도는 토양 속 중금속 자연 함유량의 4배에 이르는 수치이며, 부산과 인천의 0.042ppm, 0.027ppm보다도 높다. 특히 시화 공단과 반월 공단 사이를 지나 시화호로 흘러드는 하천 하류의 퇴적물 수은 농도는 5.168ppm으로 나타났다. 또 구리는 최고 180ppm으로 외해보다 15배, 카드뮴은 최고 0.70ppm으로

11) 오염된 물의 수질을 나타내는 지표로서 미생물이 분해될 수 없는 경우에 모든 유기물을 산화시키는 데 필요한 산소요구량을 mg/L 또는 ppm으로 나타낸 것. 물의 오염도를 측정하는 데 BOD보다 COD 측정이 용이하기 때문에 많이 사용한다.

7배, 아연은 최고 350ppm으로 8배 높았다. 중금속 퇴적층은 산소 공급을 차단해 여름철에 공단 앞 수심 6m의 지역에서는 2m 아래, 14m 수심인 시화호 중앙 지역에서는 8m 아래에 각각 무산소층을 형성한다. 그 결과 호수 바닥을 썩게 만들어 수질을 오염시키는 것으로 조사되었다.

조개껍데기가 바닥을 하얗게 뒤덮고 있는 시화호 내의 음섬(왼쪽)과 형도(오른쪽)

시화호 바닥에 박힌 가리맛의 패각들

시화호의 염습지식생 - 칠면초와 퉁퉁마디

시화호 수질이 악화된 1996년 이후 정부가 시화호 수질 개선에 막대한 예산을 사용했다. 1997년 배수 갑문을 열고 반월 · 시화 공단 폐수와 생활 오폐수 차단을 위한 하수처리장과 배수로 설치, 상류의 인공 습지 조성 등 각종 수질 개선책을 폈다. 그러나 수질 개선 효과가 미비해 바닥에 쌓은 수은 등 각종 중금속 퇴적 오염 농도가 오히려 상승하고 있는 것으로 나타났다.

중금속 오염의 경우, 시화호 내해 2/3 정도의 안쪽 해역은 시커멓게 환원된 퇴적물이 상당한 오염 정도를 나타내며 쌓여 있다. 수은과 구리, 카드뮴, 아연 등 중금속은 배수 갑문에서 시화 반월 공단의 상류 지역으로 갈수록 심해지는 양상을 보이고 있다. 해수를 드나들게 한 것이 해수면에 있는 유기물질 오염 농도의 희석에는 기여했으나 바닥에 가라앉은 토양 퇴적물의 오염 농도를 바깥 바다로 내보내지 못했음을 보여 준다. 또 신길천 등 시화 · 반월 공단에 인접한 5개 지천으로 빗물과 공단 오폐수가 뒤섞여 유입되는 것도 중금속 오염을 더욱 심화시키고 있다는 분석이다.

수질 상태의 경우, 배수 갑문을 열기 직전인 1996년 시화호 표면의 화학적 산소 요구량은 5.1~13.6ppm에서 1997년에는 공업 용수로 사용하는 것도 불가능한 10.4~30.9ppm으로 오염이 악화됐다. 하루 두 차례씩 모두 2,000만 여 톤의 물을 빼고 들이면서 1998년 2.9~12.8ppm에서 최근에는 10ppm으로 수질이 개선되어 왔다고 한다. 그러나 이번 조사 결과, 해수의 영향을 받은 배수 갑문 유역과 달리 중 · 상류 지역으로 갈수록 해수와 호수의 물이 뒤섞여 오염원이 희석되는 효과가 적은 것으로 나타났다. 특히 여름철에 이러한 현상은 더 심했다.

생태계 변화는 배수 갑문 주변에 일부 어류가 출현하고 철새들이 날아오는 등 시화호 생태계 일부가 회복 현상을 보이지만 시화호 내부로 들어가면 사정은 달라진다. 배수 갑문 개방시 해수 유입이 원활한 방조제 인근 지역에서 중형 저서생물의 서식 밀도는 높게 나타났다. 배수 갑문 주변 지역의 퇴적물 표층을 3cm 깊이로 파내려가면 10cm^2에서 5,700개체가 발견됐다. 반면 배수 갑문에서 멀어질수록 개체수는 줄어 공단과 인접한 시화호 내해 중·상류 지역에서는 같은 면적에서 1/7 수준인 860개체만 발견됐다.

이러한 사실에도 불구하고, 관련 부처와 지방자치단체는 시화호 담수화 포기 결정 이후에도 시화호와 주변 갯벌에 항만·물류 기지, 조력 발전소, 해양 박물관, 산업 단지 등을 계

시화호 담수화 포기 이후 개발 계획안(한겨레신문, 2001)

관련 기관	내용
해양수산부	· 조력 발전소 건설과 항만 건설
건설교통부	· 3,400만 평을 반월 특수 지역으로 지정 (산업 단지와 저밀도 주거 및 상업 지역 조성)
산업자원부	· 디지털 산업 단지 조성
농 림 부	· 대부도와 가까운 간척지 3,600ha를 농지로 조성
환 경 부	· 북쪽 간척지에 수도권 일대의 지정 폐기물 처리장 건설
문 화 재 청	· 남쪽 간척지 480만 평을 국립자연사박물관을 건립할 구상
경 기 도	· 관광 시설 투자비로 9,000억 원이 투입되는 대형 투자 계획 (잎파도~대부도 앞바다를 도립해상공원으로 지정할 계획)
안 산 시	· 자연생태공원으로 조성할 예정
시 흥 시	· 배후 주거 도시의 생활 환경을 위한 녹지 공간과 휴양 공간
화 성 시	· 선사 유적지를 발굴하여 관광지로 개발할 계획

획하고 있다.

이에 안산시와 '희망을 주는 시화호 만들기 안산 · 시흥 · 화성 시민연대회의'는 '미래 지향적 시화호 활용 구상' 안을 마련하였다. 정부 각 부처의 개발 계획 재검토, 지방자치단체가 참여하는 통합 관리 대책 마련, 환경 친화적 생태관광도시의 조성을 요구해 놓고 있다. 시화호 환경 보호를 위하여 중앙 정부와 지방자치단체는 환경전문가 등과 머리를 맞대고 주변 생태계를 보호하면서 시화호를 활용할 수 있는 계획을 마련해야 한다.

시화호의 실패는 비슷한 개발 사업을 추진할 때 교훈으로 삼아야 한다. 시화호 근처에 '화옹호'는 '제2의 시화호'가 되지 않으려면 앞으로 7년 동안 전체 사업비의 40%인 1,300억 원의 수질 개선 비용이 추가로 필요한 것으로 나타났다.

특히 정부는 2001년 5월 25일, 1999년 말 60% 정도의 공사가 진행되다 중단된 새만금 사업을 '동진강 수역 우선 개발, 만경강 수역 수질 개선 후 개발'로 방향을 설정, 순차적으로 개발하기로 결정했다. 재추진의 목적은 '미래의 식량 위기를 극복하고 남북통일 등 국내외 여건 변화에 대비해 식량 자급도를 높이기 위한 것'으로 발표되었다.

이에 따라 군산과 부안 사이 33km 방조제 중 현재 19.1km의 공사가 진행된 방조제를 2004년까지 완공한 뒤, 동진강 유역에 99km의 방수제(강둑)를 쌓아 2008년까지 1만 3,200ha의 농지를 우선 조성한다. 이어 수질 개선 상황을 점검하여 만경강 유역에 40km의 방수제를 쌓고 2011년까지 1만 5,100ha의 농지를 조성할 계획이다.

이를 위해서 정부는 새로 1,248억 원을 들여 담수호 수질 대책과 해양 환경 대책을 마련하는 등 모두 1조 4,568억 원의 환경 개선 사업비를 투자하기로 했다. 따라서 새만금 사업은 공사 이전에 투입된 1조 2,458억 원 외에 앞으로 방조제 공사비와 담수호 내부 개발비를 포함하여 1조 9,279억 원이 추가 투입된다.

새만금 간척 사업 계획안(한겨레신문, 2001)

기 간	공사 내역	목 적
현재~2004년	나머지 방조제 13.9km 공사	방조제 완공
~2008년	동진강 유역의 99km 방수제 공사	1만 3,200ha 농지 조성
~2011년	만경강 유역의 40km 방수제 공사	1만 5,100ha 농지 조성

방조제가 완공되면 1일 평균 3억 700만m^3의 해수 유입량을 갖춘 배수 갑문 2곳을 통해 해수 유통을 계속하게 된다. 정부의 계획대로 해수 유통이 원활히 이루어져 수질 개선에 도움이 되고, 농지 조성으로 인한 경제적 부가가치가 창조된다고 할지라도 이 과정에서 예상하지 못한 일이 발생하면 추가로 투입되는 예산으로 인해 국민의 부담이 증가될 가능성이 있다. 시민사회단체와 환경단체는 제2의 시화호를 예상하며 그동안 새만금 간척 사업을 반대해 왔다.

더욱이 생태계 파괴는 매우 심각할 것이며, 세계 5대 갯벌의 하나로 손꼽히는 서해 갯벌에 새만금 방조제가 완성되면, 한강 하구 경기만과 함께 남아 있던 김제 · 부안 일대의 하구 환경과 갯벌은 사라지고 우리의 후손들은 지도상으로 옛 모습을 상상하게 될 것이다.

3. 우리 나라의 갯벌 보전 노력

우리 나라 갯벌 보전에 대한 연구는 1980년대 후반 시화호 조성 과정에서 발생한 해양 환경 오염과 자연 생태계 훼손 등으로 인하여 본격적으로 이루어지기 시작했다.

그 후, 1990년대 초반 갯벌에 대한 연구는 갯벌 생태계의 다양성과 기능에 대한 소개가 주를 이루었다. 1990년대 중반은 갯벌 자원이 가지고 있는 경제적 가치에 대한 평가를 통해서, 합리적인 개발을 위해 관리 전략과 제도 시행의 필요성이 제기되었다.

1990년대 중반 이후, 세계 5대 갯벌의 하나인 우리 나라 서해 갯벌은 국제 사회의 주목을 받으면서 효과적인 갯벌 관리를 위한 다양한 제도 시행이 요구되고 있다. 이런 추세에 따라 1997년 7월 28일 우리 나라는 '람사르협약'에 가입을 했다. '람사르협약'이란 1971년 2월 2일 이란의 람사르에서 채택된 협약으로, 국제적으로 물새 서식지로 중요한 습지에 관한 협약이다. 람사르에서 제시하는 국제적으로 보호 가치가 높은 습지는 정기적으로 2만 마리 이상의 물새 관찰 지역 또는 정기 이동 통로 상에서 물새의 종 가운데 총 개체수가 1% 이상 관찰되는 지역이다. 여기에 조간대도 포함된다. 현재 우리 나라는 강원도 인제군의 대암산 용늪과 경남 창녕군 우포늪이 지정되어 있다.

람사르협약에 따르면, 갯벌 보전의 이념은 인간과 환경의 상호 의존성을 인정하고, 습지의 동식물과 물새 서식처를 보호하기 위해 기본 생태학적 기능을 고려한다. 그리고 습지가 경제, 과학, 문화적으로 큰 가치를 지닌 자원의 일부인데 한

겨울철 천수만을 찾은 고니 무리

파괴되면 회복할 수 없으므로 현재와 미래에 습지의 점진적 손실을 저지한다. 또한 물새가 계절적인 이동에 있어 국경을 넘을 수 있으므로 국제적 자원으로 간주하고, 습지 및 동식물의 보전은 장기적인 국가 정책과 변화하는 국제적 의견으로 이루어지도록 한다.

우리 나라는 1999년 8월 9일부터 시행된 **'습지보전법'** 이 지난 30여 년 동안 훼손된 갯벌에 대한 국가적 관심이 시행될 수 있는 제도적 장치이다. 습지보전법에 근거한 습지 보호 지역의 지정 및 관리 계획의 수립, 지역 주민과 시민단체의 갯벌 관리 참여 방안, 지방자치단체 및 시민 의식 제고, 보호 지역 지정 후 지역 주민을 위한 지원 사업 방안 등은 앞으로 우리 나라 갯벌 관리에서 중요한 분야이다.

습지보전법

환경부는 생물 다양성과 습지를 보전 · 관리하고 국토의 효율적 이용을 도모하며, 습지에 관한 국제 협약의 취지를 반영하여 국제 협력 증진의 목적으로 습지보존법을 제정하였다(법률 제5866호, 1999년 2월 8일 공포, 8월 9일 시행). 이

법에 의하면 **습지**는 '담수'와 '기수' 그리고 '염수'가 영구적으로나 일시적으로 그 표면을 덮고 있는 지역으로 '내륙 습지' 및 '연안 습지'를 포함한다. **내륙 습지**는 육지나 섬 안에 있는 호수, 연못, 하구 등의 지역을 말하고, **연안 습지**는 고조시 조위가 지면이 접하는 경계선에서부터 저조시 조위가 지면에 접하는 경계선까지의 지역을 말한다. 즉 일반적으로 조간대 갯벌을 의미한다.

이러한 습지 보전을 위하여 환경부 장관은 습지에 대한 조사 및 습지 보전 기본 계획의 수립에 관한 사항을 총괄하지만, 내륙 습지에 대한 습지 보호 지역 등의 지정 및 보전에 관한 시책의 수립 · 시행은 환경부 장관이, 연안 습지에 관한 습지 보호 지역 등의 지정 및 보전에 관한 시책의 수립 · 시행은 해양수산부 장관이 각각 관장하도록 하였다(제3조 제2항 및 제3항).

따라서 환경부 장관 또는 해양수산부 장관은 5년마다 습지의 생태계 현황 및 오염 현황과 습지 주변 영향 지역의 토지 이용 실태 등 습지의 사회 · 경제적 현황에 대한 기초 조사를 실시하여야 한다. 이 습지 조사 결과를 토대로 5년마다 습지 보전 기본 계획을 수립하여야 한다. 종합적으로 해양수산부 장관은 연안 습지에 대한 조사, 보전 및 관리 의무가 있으며, 가치가 있는 연안 지역을 습지 보호 지역으로 지정하고 그 주변 지역을 습지 주변 관리 지역으로 지정할 수 있다(제4조 및 제8조).

연안 습지를 습지 보호 지역으로 지정할 때에는 시 · 도지사 및 지역 주민의 의견을 들은 후 관계 중앙 행정기관의 장과 협의하여야 한다. 그리고 습지 보호 지역의 보호 및 관리를 위하여 특히 필요하다고 인정하는 경우에는 해당 지역의 전체 또는 부분에 대하여 일정한 기간을 정하여 그 지역에 출입을 제한하거나 금지할 수 있다.

다만, 지역 주민이 일상적 농림수산업의 영위 등 생활 영위를 위하여 출입하는 경우, 습지 보전을 위한 사업을 위하여 출입하는 경우, 군사상 목적을 위하여 출입하는 경우, 재해 예방 및 복구 등을 위해 출입하는 경우는 제외한다.

연안 습지 보호 지역 지정 대상 및 제한 행위(법률 제5866호, 1999)

습지 보호 지역	· 자연 상태를 잘 유지하거나 생물 다양성이 풍부한 지역 · 희귀하거나 멸종 위기에 처한 야생 동 · 식물이 서식하는 지역 · 특이한 경관이나 지형적 또는 지질학적 가치를 지닌 지역
습지 개선 지역	· 습지 보호 지역 중 훼손이 심하거나 훼손될 우려가 있는 지역 · 보전 상태가 불량하여 인위적으로 개선할 가치가 있는 지역
습지 개선 지역의 제한 행위	· 건축물 기타 공작물의 신축 또는 증축 및 토지의 형질 변경 · 습지의 조위나 조위량에 증감을 가져오는 행위 · 흙, 모래, 자갈, 돌 등의 채취 · 광물의 채굴 · 동 · 식물의 인위적 도입, 경작, 포획, 채취 –해당 주민의 생계 수단이나 여가 활동 등을 목적으로 지속하여 온 경작, 포획, 채취의 경우는 제외

연안관리법

우리 나라의 연안은 환경 특성 및 수산업 등 전통적 이용 방식에 대한 고려보다는 매립과 간척으로 부족한 국토 공간을 확보한다는 개발 위주의 국토 정책에 따라 이용되어 왔다.

연안관리법은 연안의 효율적인 보전 · 이용 및 개발에 관하여 필요한 사항을 규정함으로써 연안 환경을 보전하고 연안의 지속 가능한 개발을 도모하여 연안을 쾌적하고 풍요로운 삶의 터전으로 조성하는 것을 목적으로 한다(법률 제5913호, 1999년 2월 8일 공포, 8월 9일 시행).

연안은 육지와 바다가 접하는 점이 지대로서 만 · 하구 · 갯벌 · 해안 절벽 · 삼각주 등 다양한 환경으로 구성된 지역으로 정의하고 있다. 연안은 **연안 해역**(바닷가와 고조 수위선으로부터 영해의 외측 한계까지의 바다)과 **연안 육역**(무인 도서와 연안 해역의 육지 쪽 경계선으로부터 500m 범위 안의 육지 지역)을 포함하는 지역으로 규정하고 있다(제2조).

연안 정비 사업은 연안의 재해를 방지하여 연안 이용의 안전성을 증대시키고, 훼손된 연안 해역 환경을 개선하고 시민이 친근하게 접할 수 있는 연안 휴식 공간을 조성하는 데 있다. 주요 사업은 방파제 보수, 오염이 심한 해역의 준설, 어장의 정화, 폐선의 제거, 해변 공원, 산책 공간, 해양 문화 공간 등의 조성 사업을 들 수 있다(제2조 4항).

해양수산부 장관은 연안의 효율적 관리를 위하여 5년마다 연안의 실태에 관한 기초 조사를 실시하여야 한다. 기초 조사 결과, 해안선이나 생태계 등의 변화가 뚜렷하다고 인정되는 지역에 대하여는 보완 조사를 실시하며, 연안 정비 사업의 시행을 위하여 특히 필요하다고 인정되는 지역에 대하여는 정밀 조사를 실시하여야 한다(제4조).

연안 관리 통합 관리 계획은 종합적이고 미래 지향적인 관점에서 연안 자원의 합리적인 개발 질서 확립, 바람직한 연안의 미래상 제시, 공간 이용 · 자원 개발 · 연안 환경 보전 등 분야별 쟁점 사항을 통합, 조정하는 데 있다. 계획에 포함될 내용은 연안 육지 지역의 범위, 연안 관리에 관한 기본 정책 방향, 지역별 연안의 바람직한 모습, 개발 행위간 상충 문제 조정 사항, 효율적인 연안 관리를 위하여 금지하거나 지원해야 할 사항과 연안 정비 사업의 기본 방향 등이다(제5조).

공유 수면 관리법과 공유 수면 매립법

유수면의 점용 · 사용과 관련한 종전의 각종 규제를 폐지 또는 완화함으로써 공유 수면 이용자의 편익을 도모하고, 침식으로 인하여 수면 밑으로 잠긴 토지 등을 복구할 수 있는 절차를 마련하는 등 현행 제도의 운영상 나타난 일부 미비점을 개선 · 보완하였다(법률 제5914호, 1999년 2월 8일 공포, 8월 9일 시행).

'**공유 수면**' 이란 바다 · 하천 · 호수 · 연못 등 공용으로 사용되는 국가 소유인 것을 말한다. 공유 수면이란 기본적으로 공적 재산에 속하는 것으로 이를 사용하고자 하는 사람은 국가의 허가를 얻어야 한다. 우리 나라에서 '갯벌' 은 법적으로 공유 수면에 포함된다. 즉 조간대의 갯벌은 공유 수면에 속한다고 할 수 있다. 특정 지역과 국가 산업 단지 및 항만 내에 분포하는 갯벌만이 해양수산부의 관할에 속하고, 그 외 지역에 분포하는 대부분의 갯벌은 광역자치단체의 관할에 속한다.

공유 수면 관리법은 갯벌 보전에 관한 특별한 사항은 없다.

썰물 때 조하대에서 해산물을 채취하여 돌아오는 어민

그러나 우리 나라 갯벌 관리와 관련된 가장 기본적인 법적 규정을 담고 있으며, 갯벌의 환경을 저해할 수 있는 하천 바닥을 파내는 일, 굴착, 토사 채취, 수질 오염 등의 행위를 제한 또는 금지시키고 있다.

갯벌 등 공유 수면의 매립에 의한 환경 파괴 현상이 심각해짐에 따라 공유 수면 매립 기본 계획의 수립시 공유 수면 매립이 환경에 미치는 영향을 엄격하게 심사하도록 하고 공유 수면의 매립 면허를 받은 자에 대한 매립 공사의 절차를 간소화하는 등 관련 규제를 완화 또는 폐지하는 한편, 현행 제도의 운영상 나타난 일부 미비점을 개선 · 보완하였다(법률 제5913호, 1999년 2월 8일 공포, 8월 9일 시행).

'매립' 은 법에서 규정한 절차에 의하여 공유 수면을 간척하는 것이다. 공유 수면을 매립하고자 하는 자는 해양수산부장관의 면허를 얻어야 하고, 시행령이 정하는 정부투자기관(농어촌진흥공사, 한국수자원공사, 한국토지공사 등)과 개인 등이 매립할 수 있다.

공유 수면 매립으로 인하여 갯벌 환경 파괴가 심각해지고 있어 국민들의 우려가 높아짐에 따라서 법은 환경과의 조화, 생태계의 변화 대책 등을 포함하도록 했으며, 준공 인가 후 20년 동안 매립지의 용도를 변경할 수 없도록 하였다.

간척과 매립 사업은 대부분의 경우 장기간에 대규모로 진행되는 사업이므로 기본 계획을 수립하는 과정에서 국토 개발에 관련된 다른 계획들과 종합적으로 상호 관련성이 확보되어야 한다. 또한 매립 계획은 갯벌의 생태적 가치, 지역 주민들의 삶의 질, 사회 경제적 여건 등이 고려될 수 있는 장치가 있어야 한다.

갯벌 보전 정책의 방향

갯벌 보전의 목적은 일반적으로 갯벌 생태계 보전 및 복원, 갯벌을 둘러싼 인근 지역 사회의 '삶의 질' 개선, 갯벌의 합리적 이용 등을 포함한다. 우리 나라 갯벌 보전의 장기 계획을 수립하기 위해서는 국토 및 자원 이용 여건을 감안하여 갯벌 보전의 보다 구체적인 목적을 설정하여야 한다. 갯벌의 환경, 생태계, 배후지 등에 주기적인 모니터링(조사 관찰, 감독)을 시행하고, 이러한 결과가 갯벌의 보전 및 이용에 관한 정책 수립 과정에 활용될 수 있도록 하는 제도적 기반이 필요하다.

갯벌의 개발과 보전 지역으로 지정하여 사업을 진행할 때에는 초기 단계부터 관련 전문가와 이해 관계자 그리고 민간단체 등의 참여를 유도하여 매립이나 보전의 필요성, 사회 경제

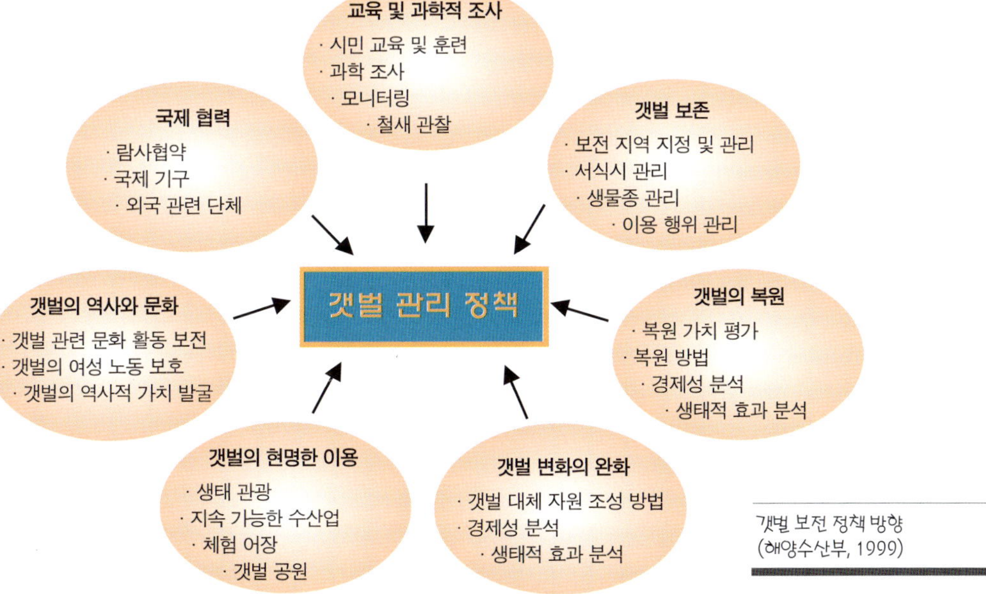

갯벌 보전 정책 방향
(해양수산부, 1999)

적 영향, 환경 요인, 기타 효과 등을 종합적으로 검토하는 프로그램을 진행시켜야 할 것이다. 그 동안 훼손된 갯벌 생태계의 복원과 어민들의 생존권을 고려하는 환경 보전 정책이 이루어져야 한다.

공유 자원으로서 갯벌은 최대한 활용하여 갯벌이 지닌 생태적, 경제적 가치를 극대화할 수 있도록 다양하게 개발되어야 하고, 국민이 향유하며, 다음 세대에게 물려줄 수 있도록 해야 한다. 더불어 갯벌의 역사적, 문화적 가치를 발굴하고 전승하려는 노력이 필요하다.

4. 외국의 갯벌 보전 노력

우리 나라가 국토 확장과 농지 확보를 주요 목적으로 갯벌 간척 사업을 한참 진행시키고 있을 때, 외국의 경우는 갯벌과 습지의 가치를 일찍 깨우치고 자국의 자연 상황에 맞는 보전 법과 행정 체계를 만들어 연안 자연 환경을 지키려는 노력을 하고 있었다.

연안의 개발로 심각한 오염이라는 부작용을 겪은 일본은 연안역의 통합적 관리 체계 중에 갯벌 보전을 포함시켜 관리하고 있으며, 갯벌의 자연적 가치를 중요시한 독일은 우리 나라 총 갯벌 면적의 2배 이상이 되는 약 5천 4백km^2의 광대한 갯벌을 보전하기 위한 전담 관리 체계를 형성하였다. 또한 네덜란드의 경우는 자연 재해 방지를 목적으로 수세기 동안 간척 · 매립을 진행해 왔으나, 와덴해(Wadden Sea)의 갯벌 보호를 위해서 주변 국가와 보조를 같이 해 오고 있다.

미국의 습지 관리 정책

미국의 갯벌 관리는 단일 법에 있는 것이 아니라 연안 관리, 토지 이용 및 수질 보호 등과 관련된 법들에 의해 관리가 이루어지고 있다. 연안역 통합 관리 체제를 통한 습지의 보호 및 이용을 뒷받침하고 있는 제도적 장치로는 1972년 제정된 연안역 관리법과 수질 오염 통제법에 의한 국가 하구역 프로그램이 있다. 연안 통합 관리는 연안 자원의 개발과 보전의 조화에 목적을 두고 습지를 포함한 다양한 연안 자원의 합리적인 개발 계획으로서 연방 정부의 지원과 감독 하에 주 정부 단위로 수립, 시행되고 있다. 또한, 계획 수립 및 실행 과정의 민주성을 강조하여 관련된 이해 당사자 및 주민의 참여를 기본 요건으로 강조하고 있다.

갯벌을 포함한 미국의 습지는 육지의 3.5%인 3,200만ha에 이르고, 미국 조류의 80%와 800종의 철새 중 50% 이상이 서식한다. 그러나 미국도 1950년대부터 1970년대까지 캘리포니아, 플로리다, 루이지애나, 뉴저지, 텍사스 같은 주들은 많은 습지가 상실되었다.

루이지애나 주 갯벌은 미국 연안 갯벌의 37%를 차지하고 있으나 연간 평균 1만ha의 갯벌이 감소하는 추세이다. 미국은 갯벌 개발이 불가피한 경우에, 1978년 대통령 자문 기구인 환경위원회를 통해 채택된 갯벌 손실을 최소화할 수 있는 정책을 폈다. 사업 시행의 불가피성에 따른 사업의 규모를 제한함으로써 환경 영향은 감소하고 환경 피해를 보상한다.

위스콘신 주는 습지를 특별히 보호해야 할 지역으로 지정하였다. 습지 안에서 주거지 개발을 금지하고 사냥, 자전거 타기 등 습지 환경을 변화시키지 않는 활동만 허가하고 있다.

캘리포니아 주는 지역 주민의 자발적인 참여를 통해 형성된 연안 자원의 보전 정책의 경험과 전통이 있는 지역으로 해안선을 대상으로 다른 주 정부와 비교하여 상대적으로 집중적인 연안 이용이 이루어지고 있는 지역이다. 1965년 샌프란시스코만 보존 · 개발위원회의 창설은 캘리포니아 주 정부의 해안 자원에 대한 높은 관심과 합리적인 개발의 필요성에 대한 인식을 반영하고 있다. 캘리포니아 주를 대상으로 시행되고 있는 연안 보전 및 자원의 합리적 개발을 위한 정책은 국가해양 보호 지역 프로그램, 국가 기수역 프로그램, 국가 기수역 연구 · 보존 프로그램, 연안 관리 계획 및 연안 보존 관리

사업 등으로 정리될 수 있다.

용도 지정을 통한 습지 자원의 보호는 특정 범위의 토지에서 이용 형태 또는 제한 · 금지된 이용 형태를 지정하여 합리적인 토지 이용을 추구하는 국토 관리의 가장 일반적인 방법 중의 하나로, 상충되는 토지 이용의 최소화, 인구 집중의 방지, 공공 서비스 보급의 증진, 현존하는 토지 이용 및 천연 자원의 보호, 적절한 개발의 유도 등을 위해 이용된다.

일반적으로 미국의 습지에서 허가 및 금지되고 있는 이용 형태는 다음의 도표와 같다.

미국의 습지 이용 형태(해양수산부, 1999)

허가되는 이용 행위	· 토지, 식물, 물, 야생 동물, 어류 등의 보전 행위 · 하이킹, 낚시, 사냥, 수영 등의 여가 활동 · 야생 식물 채취 · 임시 저장 등
금지된 행위	· 매립, 투기, 굴착, 준설, 배수 · 댐 건설 및 하천류의 변경 · 영구 구조물 건설 · 지하 저장 탱크 · 하수 종말 처리장 설치 · 유독성 물질의 폐기
특별 이용 행위	· 특정 허가된 목적을 위한 도로나 비주거용 건물의 건설 · 공원, 여가 시설, 교육 시설의 건설 · 전기, 가스, 전화, 상 · 하수도, 공공 서비스 시설의 건설 및 유지

또한 매입을 통한 습지 자원의 보호로는 습지를 포함한 중요 연안 환경을 정부 또는 민간 차원에서 보전을 목적으로 매입하는 사례가 많다. 민간 차원의 매입인 경우, 환경 단체 등이 중심이 되거나, 지역 시민들이 연안역 관리위원회, 연안 자원 보호 재단을 구성하고 기금을 마련하여 중요한 습지 생

태계를 매입, 관리한다.

경제적인 면을 고려한 습지 자원의 보호 방법으로는 세금, 이용료, 벌금 등 다양한 방법이 사용되고 있다. 예를 들면 습지를 기부하는 사람에게 세금 감면 혜택을 주거나, 습지 및 연안 환경의 보전을 위해 활동하는 단체에 유리한 세금 혜택을 주는 연방 세금 정책을 수립함으로써 경제적 혜택을 제공하고 있다.

와덴해 연안 3국의 갯벌 보호 정책

네덜란드 · 독일 · 덴마크 3국의 공동 노력

와덴해는 북해(North Sea) 남부 연안 해역으로 네덜란드,

완덴해 주변의 갯벌 모식도

독일, 덴마크의 3국에 걸쳐 있다. 해안선은 800km이며, 총 면적이 8,000km²이다. 이 곳은 반폐쇄성 해역으로 얕은 수심과 광활한 갯벌을 이루고 있어서 영양 염류가 풍부하여 해조류의 일차생산성이 높고 물새 및 어류의 서식지로 중요한 갯벌이다. 특히 북해의 남동쪽은 네덜란드의 덴헬더에서 덴마크 반도에 이르기까지 450km의 해안선에 걸쳐 폭이 약 15km, 면적은 80만ha의 넓은 갯벌이 발달되어 있다. 와덴해의 갯벌은 독일이 전체 갯벌의 60%를 차지하여 가장 넓으며, 네덜란드는 30%, 덴마크는 10%를 차지하고 있다.

와덴해 및 연안 육지 면적(해양수산부, 1999)

(단위 : km²)

지 역	도서 지역	연안 육지 (염습지 포함)	염습지 및 간척지
네덜란드	385	2,500	85
독일(니더작센, 브레만, 함부르크)	155	2,100	117
독일(슐레스비히-홀스타인)	280	2,500	63
덴마크	165	850	81
총면적	985	7,950	346

와덴해의 갯벌은 해양생물이 풍부할 뿐만 아니라 조류의 산란 및 육성에 적당한 조건을 제공하여 희귀 조류의 서식지이기도 하다. 1,000~1,200만의 물새들이 서식하는데, 200만~250만 마리가 오리와 거위류, 100~700만 마리가 두루미, 황새류이다.

1960~1970년대 해양을 오염시켜 와덴해의 자연 생태계와 해양 자원의 훼손을 경험한 네덜란드, 독일, 덴마크 3국은 1970년대부터 협력을 통해 와덴해를 공동으로 관리해 오고 있다. 1982년 생태적으로 중요한 와덴해의 환경을 보호하기

위하여 공동 성명「(Joint Declaration on the Protection of the Wadden Sea)」을 발표하고, 독일의 빌헬름즈하펜에 공동 사무국을 설치하였다. 3국의 주요 협력 내용은 첫째, 생태계에 미치는 영향을 최소화하기 위하여 퇴적물 및 수질 환경을 개선하고 둘째, 북해 어류의 산란장, 조류 서식지 및 생육장으로서 갯벌을 보호하고 셋째, 수려한 자연 경관을 보전하는 것이다. 지속적인 협력을 통해서 3국은 1997년 제8차 와덴 회의를 통해 와덴해 계획과 3국 공동 모니터 프로그램의 시행을 합의하였다.

한편 갯벌 자연 자원에 대한 연구는 독일, 네덜란드, 덴마크의 3개국 공동으로 이루어지는데, 1989년부터 진행된 '갯벌 생태계' 연구에는 자연 과학의 각 분야와 사회 과학자, 그리고 사회, 경제학자들이 참여하고 있다. 이 연구는 크게 갯벌의 규모와 생물, 수산자원을 연구하는 그룹으로 나뉘며, 특히 갯벌 생물에 관한 연구는 갯벌의 환경적 건강 상태를 파악하는 일로 매우 중요하게 다루어진다.

이들 3개 국가는 갯벌과 관련된 국제 협약을 준수하는 한편, 2년마다 정부간 회의를 갖고 각 국에 알맞은 갯벌 보호에 관한 행정이나 법령 개정을 위한 사업을 시행하기 위해 노력하고 있다.

독일의 습지 보전

독일은 와덴해 습지 보전을 위해 연방자연보전법을 시행하여 1985년 세계 최초로 슐레스비히-홀스타인의 28.5만ha를 국립공원으로 지정했으며, 그 뒤로 1988년 니더작센의 24만 ha, 1990년 함부르크의 11만ha로 총 53.5ha를 국립공원으로 지정하여 관리해 오고 있는 것이 특징이다. 이 곳 중 생태적으로 중요한 지역은 출입이 제한되는데, 국립공원 전체 면적의 30~50%를 차지하고 있다. 또한 와덴해 국립공원 관리기구를 설립하여 연방 정부가 직접 관리함으로써 지방 정부의 관리 참여를 제한하고 있다. 갯벌 국립공원 관리청의 임무는 여러 가지 환경적 위협이 갯벌에 가해지지 않도록 하며 사냥이나 어업 활동에 의한 교란 역시 최소가 되도록 관리하는 것으로, 자연 상태로 보전하기 위한 조치들은 모두 연구를 통한 기본 조사 위에서 이루어진다. 지방자치단체가 중심이 되어 습지를 개발하는 우리 나라와 비교하면 독일은 매우 철저하게 습지를 관리하고 있다.

독일 연방내 지방 정부 중 최초로 갯벌을 국립공원(1985년 10월 1일)화한 슐레스비히-홀스타인 주는 엘베(Elbe)강 하구로부터 시작하여 덴마크 국경에 이르는 해안가의 갯벌로 연안에는 모래 언덕과 염습지가 발달해 있어서 지구 상에서 물새가 가장 많은 지역 중의 하나로 알려져 있다.

니더작센 갯벌 국립공원은 1986년 1월 1일에 지정되었다. 엠덴(Emden)에서 쿡스하펜(Cuxhaven)까지의 전연안을 포함하는 니더작센 북쪽 해안선에서 시작하여 약 10km 폭으로 바다 쪽으로 펼쳐진 모든 갯벌과 연안 해역을 포함한다. 해안가에는 약 2,000년 전부터 형성된 염습지와 모래 언덕이 발달해 있다.

모래 갯벌이 많은 함부르크 갯벌 국립공원은 1990년 4월 9일에 지정되었으며 함부르크 시 북쪽 연안 해역으로 총면적 117km^{2}에 달한다. 쿡스하펜에서 시작하여 엘베강 하구까지를 포함하는 지역으로 동식물상이 풍부하다.

갯벌 국립공원 관리는 갯벌의 보전 전략을 수립하고 갯벌의 생태계 연구를 수행하며 3가지 보전 지구를 설정하는 방안이 진행되고 있다.

제1 보전 지구는 안정 지역으로 전체 면적의 54%에 달하며, 조류의 번식이나 휴식, 그리고 먹이 섭취에서 가장 중요한 구역이다. 보전 강도가 가장 높아 수산업이나 농업의 행위도 제한되어 있으며, 출입도 제한된 곳에 한해 안내자의 동반이 있을 때만 접근, 관찰이 가능하다.

제2 보전 지구는 중간 지역으로 전체 갯벌의 45%를 차지하고 있다. 제한된 길이나 표시를 따라서만 출입이 가능하고 보호 목적이 손상되지 않는 범위 내에서 배의 수로 등으로 이용되는 완충 지역 역할을 한다. 경관을 헤치는 모든 행위를 제한하며 야생 동식물의 파괴를 금지시키고, 조류의 산란 시기인 4월~7월 사이에는 길과 표시를 따라서만 출입이 가능하다.

제3 보전 지구는 휴양 지역으로 전체 갯벌의 1% 정도이며 국립공원의 여러 지역에 분포하고 있다. 이 지역은 해수욕장이나 휴양지로 이용이 가능하며, 휴양지의 규모는 소규모 마을을 이루며 연중 이용이 가능하다. 하지만 자동차 운행이 대부분 금지되어 있고, 건물 신축 시에는 허가가 필요하다.

초기에는 지역 주민과 이해 관계가 상충되었지만 갯벌을 보전하는 것이 오히려 주민에게 이익을 가져다 줄 수 있다는 점을 인식시키는 한편, 특히 제한된 지역에 휴양지를 허용함으로써 갈등을 완화하였다. 또한 방문객이 갯벌을 훼손하는 행위를 막기 위해 국립공원 내의 행동 요령을 주지시키고 있다.

네덜란드와 덴마크의 습지 보전 정책

네덜란드는 생존을 목적으로 해안 매립을 진행하고 있으나 북해의 와덴해를 자연 보호 지역으로 보존하는 정책도 함께 펼치고 있다. 해안 매립은 해안 주거지를 해일이나 재해로부터 보호하고 농업 및 도시 용지를 확보하기 위하여 이루어져 왔다. 20세기 후반부터 진행된 매립 사업의 특징은 바다로부터의 안전을 도모하면서 항구와 공업 지역 건설, 휴양 · 위락지의 확보, 오염된 퇴적물의 매립 등 여러 목적으로 매립이 이루어지고 있다. 최근에는 바깥쪽 바다를 매립하여 26만 평 규모의 대형 콘테이너 부두를 건설하고, 대규모 공업 지역을 조성하고 있다. 또한 로테르담 외곽 서쪽 해안 바깥 해역에 길이 17km의 대형 인공섬을 만들 계획을 추진하고 있는데 이는 해안을 보호하면서 농업 지역과 신도시 건설, 레크레이션 확보를 목적으로 계획되고 있다.

네덜란드 쪽의 와덴해 갯벌의 관리 정책은 물리적 계획 수단, 와덴해 규약 및 자연보전법에 근거를 두고 있다. 현세대의 요구를 충족시키되 미래 세대의 요구를 위협하지 않기 위하여 지속 가능한 이용을 보장하는 통합적 연안 관리 개념을 바다와 해안 관리에 도입하고 있다. 특징적인 것은 해안 지역의 규제와 자연 보전을 위해 핵심 지역을 지정하여 독일의 경우와 마찬가지로 엄격하게 이용을 규제하고, 어떤 새로운 시설의 건설 및 활동도 허가하지 않고 있는 점이다.

1980년 '와덴해 보호 규약' 을 만들었다. 보호 규약은 주 정부 및 지방 정부가 자원의 보전 및 관리할 수 있는 기본 계획의 성격을 갖고 있다. 규약의 시행은 첫째, 시민의 참여와 지방 정부의 정책을 고려하여 지방 정부의 관리 권한을 인정함으로써 실효성 있고 구속력 있는 계획이 되도록 하였다. 둘째로, 자연보전법의 자연기념물로 와덴해의 중요 지역을 지정하여 훼손 및 파괴를 유발할 수 있는 행위에 제한을 두었다. 한편 자연보전법에 의해 와덴해의 대부분이 1981~1982년에 자연기념물로 지정되었다. 1993년 개정된 와덴해 규약은 갯벌 보호를 위한 관련 규정을 담고 있고 이에 근거한 자연보전법은 와덴해를 보호하기 위해 이용되며, 이 지역을 파괴시키고 손상시키는 여러 가지 다양한 행위로부터 보호하는 정책 수립, 시행의 기초 자료로 사용되고 있다. 한편 조류 보호를 위해 사냥을 제한하고, 조개류의 채취를 금지하는 정책도 펴고 있다.

덴마크의 습지 보전 정책은 독일과 네덜란드의 혼합형이라고 볼 수 있다. 와덴해 습지를 야생동물 및 자연 보전 지구로 지정하고 독일과 유사한 구역제를 적용하고 있다. 이와 함께 와덴해 도서 지역과 염습지의 중요 지역은 람사르협약과 유럽 연합 조류 규약에 따라 특별 보호 지역으로 지정하고, 도서 지역과 염습지에 대한 지역 계획이 수립되면 이를 반영하도록 하였다.

일본의 습지 보호

일본은 국토의 약 0.15%를 차지하는 51,462ha의 갯벌이 있다. 해안선이 길고 내만이 많아 갯벌이 잘 발달되어 있었으나, 매립과 간척 사업으로 60% 이상을 잃었다. 고도의 경제성장으로 갯벌 환경이 파괴되어 갔으나 현재에는 1970년대 후반부터 활발히 진행되고 있는 갯벌 보존 운동으로 인하여 개발의 속도가 늦추어지고 갯벌 생태계를 복원하려는 연구도

일본의 주요 갯벌

활발히 진행되고 있다.

일본의 습지 보전과 정책

일본의 습지 보전은 자연보전법과 관련이 있으며, 자연 및 야생 생물의 보전에 관한 법률에는 환경기본법, 자연환경보전법, 자연공원법, 문화재보호법, 조수 보호 및 수렵에 관한 법률, 멸종 위기에 있는 야생 동식물의 종 보전에 관한 법률이 있어, 특정의 종 또는 지역을 지정하여 포획이나 개발 행위를 규제하고 있다. 이들 법률에 의해서 지정되는 종이나 구역에는 습지와 그 곳에 서식하는 종이 다수 포함되어 있다.

람사르조약의 등록으로 습지 보전이 법률에 의해 보장되고,

또한 습지 보전을 위한 보호구로는 자연환경보호법에 의해 자연 환경 보전 지역과 원생 자연 환경 보전 지역이 지정되어 있다. 원생 자연 환경 보전 지역에서는 생태계에 영향을 줄 가능성이 있는 행위가 엄격히 금지되고 있다.

특히 아름다운 자연 경관을 보호하고자 하는 자연공원법은 국토 면적의 14%를 지정하고 있는데, 이 중에는 많은 습지가 포함되어 있다. 일본의 습지 보전 전략은 생물 다양성 국가 보전 전략 중에서 습지 생태계의 특징을 유지하는 것에 있다. 국제적으로 중요한 습지의 등록 지정과 관리, 생태계나 자연 서식지의 보전, 람사르조약 실시를 위한 국내외에서 습지 보전 조직을 촉진한다. 일본에서는 지방자치단체가 습지와 습지 주변을 관리하고, 관련된 각종 서비스를 제공하기 때문에 습지와 가장 관계가 깊다. 조수 보호구, 자연 환경 보전 지구, 자연공원법 등의 보호구를 지정하고 있을 뿐만 아니라 독자적으로 습지에 관한 환경 조건이나 환경 계획을 세운다. 이와 같이 람사르조약과의 관계에서 부과되는 지방자치단체의 역할은 크고, 보전 관리 조직이 다양하게 전개되고 있다.

구시로의 습지 관리

구시로 습지는 홋카이도 동부에 있는 구시로 시의 북쪽에 있으며, 약 $180km^2$의 면적으로 일본에서 가장 크다. 1980년 국가기념물과 람사르조약 지역으로 지정되었고, 1987년에 국립공원으로 지정되었다. 구시로 습지에는 600여 종의 식물과 조류 170종, 포유류 26종, 양서류 4종, 파충류 5종, 어류 35종, 곤충 150종 등 많은 야생 생물들이 서식하고 있다.

이 습지는 지역에 도움이 되지 않는 쓸모없는 땅으로 인식되었으나, 1935년 두루미의 서식지로서 국가기념물로 지정되면서 보호되기 시작하였으나 과거에는 여러 차례 훼손의 위협을 겪기도 하였다. 1972년 개발 위기 때, 개발과 보전에 대한 시민 심포지움이 구시로 시에서 개최되어 주민들에게 습지의 가치에 대한 인식을 새롭게 하였다. 1973년 구시로 지역 종합 개발 추진위원회가 「구시로 습지의 미래」라는 보고서를 완성하였는데, 구시로 습지 관리에 대해 '개발보다는 보전을 우선하고, 구시로 습지에 대한 다방면의 지속적인 연구를 강화하며, 습지 이외의 지역은 개발을 허용한다'는 3가지 원칙을 제시하였다.

구시로 시는 보고서의 제안을 수용하여 바다로부터 6km 이내의 지역에 도시 개발을 제한하였다. 1993년에는 구시로 시에서 람사르회의가 개최되었으며, 1995년에 구시로 국제 습지센터가 설립되었다. 구시로 습지는 지역 주민의 적극적인 보전 노력, 지방자치단체의 신중한 정책 결정 및 과학적이고 체계적인 관리 등에 힘입어 성공적인 습지 보존 및 관리 사례로 알려지게 되었다.

야츠히가타의 습지 관리

야츠 갯벌은 도쿄만 해안선에서 2km 내륙에 위치하고 있다. 과거에는 많은 갯벌이 있었지만, 근대화 과정에서 점점 매립되어 공업 용지나 주택 용지로 바뀌었다. 야츠 갯벌은 개발 과정에서 사라지지 않고 남아 도시 한가운데에 기적적으로 존재하는 갯벌이다. 도쿄에서 약 30분 정도의 거리로 주택지에 둘러싸여 있는 도시의 귀중한 유산으로 사람들과 친근해져 있다. 자연 보호나 환경 교육의 장으로서 레크레이션과 휴식의 장으로 이용되고 있다.

야츠 갯벌은 저서생물 약 50종과 숭어, 농어 등의 어류가 서식하여, 100여 종의 물새의 귀중한 먹이가 되고 있다. 이곳은 환경청이 소유하는 구유지로 국가 지정의 조수 보호구 특별 보호 지구로서 보전되고 있다. 1994년에 관찰이나 교육의 거점으로 나라노시 야츠 갯벌 자연관찰센터가 설치되었다. 시민들이 경쾌하게 이용할 수 있도록 갯벌 주변에는 관찰 시설이나 순환 도로가 정비되어 있다. 갯벌의 위치가 도쿄만 깊숙이 있고 좁은 수로로 바다와 통하고 있으므로 조류의 간만에 의해서 운반되어 온 쓰레기가 퇴적되기 쉬워 쓰레기 제거가 중요한 보전 활동으로 되고 있다.

참 고 문 헌

강제원, 1968. 한국동식물도감 제8권 식물편(해조류). 문교부. 465pp.

고경무, 1993. 야생식물생태도감. 우성문화사. 511pp.

고경식, 1995. 한국식물검색도감(봄). 아카데미서적. 285pp.

고경식, 1995. 한국식물검색도감(여름). 아카데미서적. 429pp.

고경식, 1995. 한국식물검색도감(가을). 아카데미서적. 297pp.

고철환, 박철, 유신재, 이원재, 이태원, 장창익, 최중기, 홍재상, 허형택, 1997. 해양생물학. 서울대학교 출판부. p.455-464

김웅서, 1997. 해양생물. 대원사. p.37-75

김웅서, 제종길, 1998. 해양생물의 세계. 한국해양연구소. p.36-57

김일회, 1998. 한국동식물도감-제38권 동물편(따개비류 · 공생성요각류 · 바다거미류). 교육부. p.1-270

김준호, 김훈수, 이인규, 김종원, 문형태, 서계홍, 김원, 김도원, 유순애, 서영배, 김영상, 1981. 낙동강 하구 생태계의 구조와 기능에 관한 연구. 서울대 자연대 논문집 7:121-163

김준호, 민병미, 1983. 해변 염생식물 군집에 관한 생태학적 연구(Ⅲ). 한식지 26: 53-59.

김철수, 송태곤, 1985. 금호도와 산이반도의 식생연구. 연안생물연구 2:1-22.

김철수, 임병선, 1988. 한국서남해안 간석지 식생에 관한 연구. 한생태지. 11:175-192.

김훈수, 이경숙, 김원, 권도헌, 1981. 인천 앞 및 강화도 남부 일대 조간대 갑각류의 분류 및 생태에 관한 연구. 자연보호연구보고서, 3:279-301.

김훈수, 1973. 한국동식물도감-제14권 동물편(집게 · 게류). 문교부. 694pp.

김훈수, 1977. 한국동식물도감-제19권 동물편(새우류). 문교부. 414pp.

남광우, 이응백, 이을환, 1992. 국어대사전. 민중서관. 1830pp.

노분조, 1977. 한국동식물도감-제20권 동물편(해면 · 히드라 · 해초류). 문교부. 470pp.

문교부, 1965. 한국동식물도감 제5권 삼화출판사. 1824pp.

문교부, 1974. 한국동식물도감 제15권 식물편(유용식물). 삼화출판사. 729pp.

민병미, 1985. 한국 서해안 간척지의 토양과 식생 변화. 서울대학교 이학박사학위논문. 144pp.

민병미, 1990. 간척지 식물의 무기 영양소 축적에 대하여. 한생태지. 13: 9-13.

민병미, 1998. 한국 서해안의 해안 식생에 대하여. 해양 연구 20:167-178.

박종수, 1997. 서해안의 수산 자원 실태와 관리 방안.

박종수, 1997. 서해안 환경 보존을 위한 연안역의 현황과 과제.

박태윤, 이동근, 1997. 연안 습지의 보전 및 효율적 이용 방안에 관한 연구. 한국환경 정책 · 평가연구원, KEI/1997/RE-26 연구 보고서.

박흥식, 최성순, 2001. 한국해양생물사진도감. 풍등출판사. 290pp.

백의인, 1989. 한국동식물도감-제31권 동물편(갯지렁이류). 문교부. 764pp.

부산광역시립 세계해양생물전시관, 1988. 세계해양생물전시관도(제2집 - 패류). 부산광역시. p.1-20

서울대학교 심재문화재단, 1996. 서해안 간척 개발에 관한 연구 - 서해 간척 자원의 기초 조사 및 타당성 검토(Ⅱ).

송원오, 박우선, 2001. 연안개발. 한국해양연구원. p.60-101

신 숙, 노분조, 1996. 한국동식물도감-제36권 동물편(극피동물). 교육부. 780pp.

안산시, 2001. 시화호 간척지 생태계 조사 연구. BSPG00314-00-1350-3:195pp.

양성기, 서해립, 윤양호, 1999. 해양과학. 문운당. p.143-159

원종관, 이하영, 지정만, 박용안, 김정환, 이형식, 1998. 지질학원론. 도서출판 우성. p.213-268

유종생, 1995. 한국패류도감. 일지사. 170pp.

윤무부, 1994. 한국의 새. 교학사. 549pp.

윤성규, 홍재상, 1998. 해양생물학(저서생물편). 아카데미서적. p.281-292

이건형, 1988. 종속영양세균의 분포와 세포의 효소 활성.

이광우, 손영수 역, 1993. 바다의 세계(1). 전파과학사. p.17-21

이광우, 손영수 역, 1993. 바다의 세계(3). 전파과학사. p.127-132

이근섭, 오계철, 1989. 인천 소래 간석지내 2개의 칠면초 개체군 간의 차이에 관하여. 한국생태학회지, 12(3):133-144.

이우철, 전상근. 1984. 한국 해안식물의 생태학적 연구. - 서해안의 사구식물에 관하여-. 한생태지 6: 177-186.

이승호, 1998. 한국 서남해안 간석지의 식생 변화에 관한 연구. 군산대학교 석사학위논문. 24pp.

이윤호, 1987. 참방게와 칠게의 서식 환경에 대한 적응. 서울대학교 이학석사학위논문. 59pp.

이점숙, 1990. 만경강과 동진강 하구 염습지의 조위 구배에 따른 염생식물의 정착에 관한 연구. 서울대학교 이학박사학위논문. 183pp.

이창복, 1993. 대한식물도감. 향문사. 804pp.

이학곤, 2001. 소래포구 염습지 식생에 서식하는 대형 저서동물의 분포 패턴. 인하대학교 교육대학원 석사학위논문. p.57

이형곤, 1999. 강화도 동검지역 염습지 식생에 서식하는 저서생물의 생태학적인 연구. 인하대학교 이학석사학위논문. 107pp.

임병선, 이점숙, 1986. 염습지 환경 변화에 대한 퉁퉁마디와 칠면초의 적응. 한생지. 4:15-25

임병선, 1987. 해안 간사지 토양 환경에 따른 식물의 분포와 생장. 연안생물연구. 4:71-79.

임병선, 이점숙, 김종욱, 김하송, 임현빈, 1998. 순천만 갯벌의 식생에 관한 연구. 목포대학교, 연안환경연구. 15:1-8.

임병선, 이점숙, 김하송, 곽애경, 임현빈, 1995. 만경강과 동진강의 염생식물 군락 분포. 목포대학교, 연안환경연구. 12:11-28.

전재경, 1988. 어촌 사회의 법의식 : 재산권, 생존권, 환경권의 조화, 국민 법의식조사 연구(Ⅴ). 한국법제연구원 연구보고 98-8, 275pp.

정문기, 1977. 韓國漁圖報. 일지사, 서울. p.495

조창선, 1997. 실용 해양용어사전. 일진사. 384pp.

최병래, 1992. 한국동식물도감-제33권 동물편(연체동물Ⅱ). 교육부. 860pp.

최병래, 박미선, 전림기, 박승열, 김희태, 2000. 한국 연근해 유용연체동물도감. 도서출판 구덕. 197pp.

최병희, 정주영, 권순교, 2000. 해안 생태공원 조성을 위한 염습지식물의 다양성 분석, 서해연안환경연구센터 제1차년도 연구보고서. p.181-192

최춘일, 2000. 경기만의 갯벌. 경기문화재단. p.15-72

하효명, 1997. 뉴하이탑 지구과학. p.392

한겨레신문, 2001. 2. 12. 2면, 2. 13. 4 · 17면, 2. 14. 17면, 2. 16. 1 · 3면, 5. 26. 1 · 3면, 6. 8. 18면, 10. 25. 25면, 11. 1. 22면, 11. 8 22면, 11. 15. 22면.

한국방송공사(KBS), 2001. 환경스페셜-모래언덕의 비밀(해안사구 그 최초 보고서). 1월 17일 방영.

한국해양연구소, 1996. 갯벌 보전과 이용의 경제성 평가, 환경부. 113pp.

한국해양연구소, 1996. 연안역 이용 및 통합 관리를 위한 연구(Ⅱ · Ⅲ).

한국해양연구소, 1998. 갯벌의 효율적인 이용과 보존을 위한 연구(2차년도). BSPE 97611-00-1058-3: p.243-288.

해양수산부, 1998. 우리 나라의 갯벌. 28pp.

해양수산부, 1999. 갯벌생태계 조사 및 지속 가능한 이용 방안 연구. p.525-739

홍재상, 1988. 한국의 갯벌. 대원사. p.105-118

홍재상 역, 1997. 바다, 그 환경과 생물. 전파과학사. p.20-191

홍재상, 전중균 역, 1995. 해양생물의 화학적 신호. 전파과학사. p.1-170

홍재상, 최병희, 조강현, 우한정, 심재한, 배양섭, 2000. 수도권 해양생태공원 타당성 조사 및 기본 계획보고서, 인천광역시 남동구청. p.193-237

환경부, 1998. 서남해안 갯벌 생태계 조사 보고서. 221pp.

Armstrong, W., E.J. Wright, S. Lythe and T.J. Gaynard. 1985. Plant zonation and the effects of the spring-neap tidal cycle on soil aeration in a Lumber salt marsh. J. Ecol. 73:323-339.

Bertness, M.D., and A.M. Ellison. 1987. Consumer Pressure and seed set in a New England salt marsh plant community. Oecologia 46:128-137.

Bertness, M.D., and A.M. Ellison. 1987. Determinants of pattern in a New England salt marsh plant community. *Ecological Monographs*, 57:129-147.

Chalmers, A.G. 1982. Soil dynamics and the productivity of *Spartina alterniflora.*

In Estuarine comparisons. Kennedy, U.S(ed.), Academic Press, NewYork, p.231-242

Cooper, A.C. 1982. The effects of standing water and drainage potential on the *Spartina alterniflora-substrate* complex in a North Carolinamarsh. Estua. Coast. Mar. Sci. 11:41-52.

Davies, J. L. 1973. *Geographical Variation in Coastal Develop-*

ment. Edinburgh:Oliver and Boyd.

Farber, S., 1993. A Socioeconomic Analysis of the Impact of Wetlands Preservation Program in Louisiana.

Frey, R.W. and P.B. Basan, 1985. Coastal Salt Marsh. In: Coastal SedimentaryEnvironment. R.A. Davis, second revised, expanded edition. 231pp.

Garrison, T. 1999. Oceanography: an invitation to marine science. 3rd ed. Wadsworth Publishing Company. p.362-411.

Jefferson, C. 1975. Plant communities and succession in Oregon coastal salt marsh. Ph.D. Dissertation of Oregon State Univ., Corvallis, OR.Bay. Canad. J. Botany 61: 762-773.

Lana, Paulo da. C. and C. Guiss, 1992. Influence of *Spartina alterniflora* onstructure and temporal variability of macrobenthic associations in a tidal flat of Paranagua Bay(southeastern Brazil). *Mar.Ecol. Prog. Ser.*, Vol. 73:231-244.

Lewis, J. R.: 1964, The ecology of rocky shores. English Univ. Press, London.

McLusky, D. S. 1971. *Ecology of estuaries*. London: Heinemann.

Montague, C. L., 1982. The influence of fiddler crab burrows in burrowing on metabolic processes in salt marsh sediment. In Estuarinecomparisons (Kennedy, S. ed). New York : Academic press. 709pp.

Niesen, T. M.: 1982, The marine biology coloring book. Harper Collins Publ., New York, 208pp.

Nixon, S.W. 1982. The ecology of New England high salt marsh, a communityprofile. US Dept Interior, Washington DC. p.209-225.

Nybakken, J. W., 1997. *Marine Biology: An Ecological Approach.* 4d ed.Addison-Wesley Educational Publishers Inc. p.219-337.

Odum, H. T., 1989. Ecological engineering and self-organization, in Ecological Engineering, W. J. Mitsch and S. E. Jorgensen, eds., Wiley, NewYork. pp.70-101.

OKUTANI, T.(editor in chief), 1986. Mollusca. Illustrations of animals andplants. Sekaibunka-sha Pub. Co. Tokoy. 399pp(in Japanese).

Parrondo, R.T., J.G. Gosselink and C.S. Hopkimson, 1978. Effects of salinity and drainage on the growth of three salt marsh grasses. Bot. Gaz. 139:102-107.

Ranwell, D.S., 1972. Ecology of salt marsh and sand dunes. Chapman and Hall, London. 258pp.

Reise, K., 1985. Tidal Flat Ecology: *An Experiment Approach to Species Interactions*, Springer-Verlag. p.9-34.

Roggo, M., M. Glauser and M. Aragno. 1987. Methane digestion of mixture ofreeds and sludge from a purification plant. Bull. Sco. NeuchatelSci. Nat. 110: 101-108.

Ross, D. A. 1988. *Introduction to oceanography*. 4th ed. Adapted by permission of Prentice-Hall, Inc., Englewood Cliffs and New Jersey. p.287.

Stephenson, T. A. and A. Stephenson, 1949. The universal features of zonation between tidemarks on rocky coasts. J. Ecol., 38:289 ~305.

Swinbank, D. D. and J. W. Murray, 1981. Biosedimentological zonation of Boundary Bay tidal flats, Fraser River Detta, British Columbia *Sedimentology*, 28:202-237.

Tabata, S., Y. Shirako, N. Shimada, and Y. Watanabe. 1988. Fundamental studyon the construction of the waterfront open space at Tega Marsh(Japan). Tech. Bull. Fac. Horti. Chiba Univ. 10:61-66.

Ungar, I. A. 1974. Inland halophytes of the Untied States, In Reimold, R.J. and Queen, W. H. eds, Ecology of Halophytes. Academic press. New York. pp.235-305.

Waisel. Y. 1972. Biology of Halophytes. Academic Press, New York, 395pp.

Wentworth, C. K. 1919. A Laboratory and Field Study of Cobble Abrasion. *Jour. Geol.*, 27, 507-521.

저 자 소 개

이 학 곤

- 인천교육대학교 졸업
- 인하대학교 지구환경과학교육대학원 졸업
- 저서

  〈갯벌, 끈끈한 내 친구야〉, 꿈소담이&동아사이언스, 2004

  〈놀며 배우는 바다의 세계〉 공저, 해양수산부, 2002

  〈바닷가에 가 보아요〉 공저, 해양수산부, 2003

  〈즐거운 체험 살아있는 교육 갯벌 환경교육의 실제〉 월드사이언스, 2008
- 감수

  〈아름다운 바다 우리가 지켜요〉 공동감수, 해양수산부, 2004

  〈깊은바다 추운바다 함께 가 보아요〉 공동감수, 해양수산부, 2005

  〈갯살림도감〉개정판 감수, 보리출판사, 2006
- 방송출연 및 지도

  EBS 하나뿐인 지구(갯벌, 생존을 위한 마지막 호소), 2008
- 현, 한국생태사진가협회 회원

  강화도 대월초등학교 교사

본 도서는 제 35회 문화관광부

우수 추천도서로 선정된 도서입니다.

갯벌환경과 생물 제2판

제1판 1쇄 발행일 2002년 7월 15일
제1판 2쇄 발행일 2003년 11월 5일
제2판 1쇄 발행일 2009년 5월 30일

저자 | 이학곤
발행인 | 박선진
발행처 | (주)도서출판 월드사이언스
주소 | 서울특별시 서초구 방배동 864-31 월드빌딩 1층
등록일자 | 1987년 12월 14일
등록번호 | 3-136
TEL | 02. 581. 5811~3
FAX | 02. 521. 6418
E-mail | worldscience@hanmail.net
URL | http://www.worldscience.co.kr

정가 18,000원
ISBN 978-89-5881-135-0

이 도서의 국립중앙도서관 출판시도서목록(CIP)은 e-CIP 홈페이지 (http://www.nl.go.kr/cip.php)에서 이용하실 수 있습니다.
(CIP제어번호: CIP2009001440)